PROJECT

高等教育管理科学与工程类专业

GAODENG JIAOYU GUANLI KEXUE
YU GONGCHENG LEI ZHUANYE

系列教材

（第2版）

安装工程计量与计价

ANZHUANG GONGCHENG JILIANG YU JIJIA

主 编/吴汉美 邓 芮

副主编/陈 萌 蔡小青 汪 梦

参 编/冯 满 罗 姣

主 审/徐思燕

U0240285

重庆大学出版社

内容提要

本书依据《建设工程工程量清单计价规范》(GB 50500—2013)和《重庆市通用安装工程计价定额》(CQAZDE—2018)编写而成。本书共 8 章,主要内容包括绪论,安装工程定额,给排水、燃气工程,电气设备安装工程,消防安装工程,建筑通风空调工程,安装工程工程量清单及计价,安装工程费用组成。本书的综合案例、图片介绍、相关施工工艺介绍均以二维码的方式呈现。

本书可作为普通高等学校工程造价、工程管理、土木工程专业及其他相关专业的教材,也可作为工程造价和土木工程技术人员的参考用书。

图书在版编目(CIP)数据

安装工程计量与计价 / 吴汉美,邓芮主编. -- 2 版
. -- 重庆:重庆大学出版社,2023.2(2024.8 重印)
高等教育管理科学与工程类专业系列教材
ISBN 978-7-5689-2918-9

Ⅰ.①安… Ⅱ.①吴… ②邓… Ⅲ.①建筑安装—工
程造价—高等学校—教材 Ⅳ.①TU723.3

中国版本图书馆 CIP 数据核字(2023)第 005643 号

高等教育管理科学与工程类专业系列教材

安装工程计量与计价

(第2版)

主　编　吴汉美　邓　芮
副主编　陈　萌　蔡小青　汪　梦
主　审　徐思燕
策划编辑:刘颖果

责任编辑:刘颖果　　版式设计:刘颖果
责任校对:姜　凤　　责任印制:赵　晟

*

重庆大学出版社出版发行
出版人:陈晓阳
社址:重庆市沙坪坝区大学城西路 21 号
邮编:401331
电话:(023)88617190　88617185(中小学)
传真:(023)88617186　88617166
网址:http://www.cqup.com.cn
邮箱:fxk@ cqup.com.cn(营销中心)
全国新华书店经销
重庆天旭印务有限责任公司印刷

*

开本:787mm×1092mm　1/16　印张:14.25　字数:366千
2021 年 8 月第 1 版　2023 年 2 月第 2 版　2024 年 8 月第 5 次印刷
印数:11 001— 14 000
ISBN 978-7-5689-2918-9　定价:40.00 元

前　言

　　"安装工程计量与计价"课程是工程造价的专业核心课程之一,是根据工程造价行业以及相关单位设置的工程造价岗位需具备的能力而开设的课程。本课程实践性和操作性强,设置该课程的主要目的是让学生在走上工作岗位之前,能够准确掌握安装工程计量与计价的方法,独立完成安装工程中给排水工程、电气设备工程、消防工程、建筑通风空调工程工程量清单及计价的编制与审核,能够快速、从容地胜任安装工程计量与计价的工作岗位,能够满足工程造价行业对高素质应用技术复合型人才的需求以及行业发展的需要。

　　本书从安装工程造价的工作岗位出发,结合本校应用技术大学的特色进行编写。编写思路与安装工程造价的工作流程和安装工程造价的计价依据(预算定额、计价规则、相关文件等)保持一致。本书主要包括绪论,安装工程定额,给排水、燃气工程,电气设备安装工程,消防安装工程,建筑通风空调工程,安装工程工程量清单及计价,安装工程费用组成。

　　为使读者在学完本书后,能真正学会搜集与工程造价编制相关的资料,学会识读安装施工图,学会根据施工图提取工程量,学会根据现行清单规范、定额、相关文件等进行计价,做到"做中学、学中做、做学一体化",本书在编写时做到了以下几点:

　　(1)严格按照课程标准设置教材中的主要知识点,教材内容充分体现"安装工程计量与计价"课程岗位任务引领、生产实践导向的思想。

　　(2)根据内容分解成若干典型的工作任务,采用典型模块持续训练的教学模式,不断巩固和强化专业知识、基本技能和职业素养。

　　(3)根据重庆市行业最新标准、规范等进行编写,如《重庆市通用安装工程计价定额》(CQAZDE—2018)和《重庆市建设工程费用定额》(CQFYDE—2018)。

　　(4)基于产教融合模式,与校企合作单位紧密联系,结合实际安装工程、企业全咨模式,模拟真实工程环境,再现工作情境。

(5)本书配套了丰富的数字资源,包括 PPT、综合案例 CAD 图及其工程量清单与计价,以及部分拓展资源。其中,综合案例工程量清单与计价和部分拓展资源以二维码的形式呈现在相应章节,读者可以扫码阅读;PPT 和综合案例 CAD 图,可以加入工程造价教学交流群(群号:238703847)获取。

本书的基本编写思路是:用通俗易懂的语言阐述理论知识点,通过拓展资料描述烦琐的施工工艺,列举了大量的小例题和综合例题,结合重庆市行业具体情况、清单计价规范、预算定额及最新文件,将安装工程计量与计价讲解透彻。

本书编写分工如下:第 1 和第 3 章由汪梦编写,第 2 章由吴汉美、陈萌编写,第 4 章由吴汉美编写,第 5 章和第 6 章由邓芮编写,第 7 章由蔡小青编写,第 8 章由邓芮、陈萌编写。全书由吴汉美、邓芮负责统稿和定稿,吴汉美、冯满、罗姣负责校核。本书由徐思燕主审。同时,向在本书编写过程中给予笔者帮助和建议的重庆求精工程造价有限责任公司肖亮、代卓鑫、曹丽、田云云、谭志华等表示诚挚的谢意。

本书编写时参考了大量同类教材,书中直接或者间接引用了参考文献所列书目中的部分内容,在此一并表示感谢。

由于编者水平有限,书中难免存在不足之处,恳请专家及读者批评指正。

编 者

2022 年 10 月

目　录

1

绪 论

1）课程研究的对象和任务

建筑业是我国的支柱产业之一，是社会物质资料生产的重要部门，它的产品包括建筑工程和安装工程。在生产这类产品时，与其他产品一样要消耗一定数量的活劳动与物化劳动。施工生产消耗虽受诸多因素（如国家经济体制、企业管理水平、社会生产力等）的影响，但在一定的生产力水平条件下，生产合格的单位建筑产品与消耗的人力、物力和财力之间存在着一种必然的、以质量为基础的定量关系。表示这个定量关系的就是建筑安装工程消耗量定额。定额客观、系统地反映了建筑安装工程产品与生产要素投入之间构成的因素和规律，学习本课程的目的就是掌握这个规律。

建筑安装工程产品除具有商品价格运动的共有规律外，因其自身的技术经济特点，其价格运动又与一般商品有所区别，因而具有自身的特殊性。只有充分认识价格运动的一般规律和建筑安装工程产品价格运动的特点，方能把握建筑安装工程产品价格的实质，才能正确计算工程造价。

综上可知，本课程的研究对象是安装工程消耗量定额和安装工程造价。其任务是懂得定额的制定原理及学会定额的应用，掌握用定额标准及计价规范计算工程量及安装工程造价，以便为工程造价管理服务。

2）本课程与其他课程的关系

安装工程造价是一门技术性、专业性和综合性极强的课程，它不仅涉及国家建设经济政策与相关法律法规，还涉及工程技术、生产管理、项目管理、价值管理、采购管理、监理咨询、招标合同、IT技术及国际惯例等学科和技术内容。

本课程涉及电气设备安装、建筑智能化、给排水、消防、通风空调和机械设备等工程的识图、施工工艺及相应设备、材料的经营管理等知识。由于涉及的专业多、内容多、知识面广，所以要求将上述有关课程的知识有机地结合起来，综合运用才能学好这门课程。

3）本课程的重点、难点与学习方法

本课程中安装工程消耗量定额和清单的应用是重点，各专业工程计量是难点，计价是重点；综合单价计算是难点，材料单价的确定及价差调整是难点也是重点。编制工程造价是一项操作性很强的工作，仅有一些基本理论知识是远远不够的，必须通过大量系统的作业实践才能深谙其理、掌握其法，才能编制出合格的工程造价书。

学习本课程时，应注意与"建筑工程计量与计价"课程互相对比分析，或者与其他专业工程造价编制的相同点与不同点进行比较，掌握特点，找出规律，才能学得更好，理解得更深，掌握得更牢。

1.1　安装工程计量与计价概述

▶ 1.1.1　建设工程造价的含义

工程造价，其直接含义就是工程的建造价格。工程是泛指一切建设工程，其范围和内涵有很大的不确定性。因此，对有关建设工程造价的含义在我国有多种解释，其中影响较大的有以下几种：

（1）第一种解释

第一种解释是中国建设工程造价管理协会学术委员会的解释。工程造价是建设工程造价的简称。它有两种不同的含义：其一，工程造价是指建设项目的建设成本，即完成一个建设项目所需费用的总和，包括建筑工程、安装工程、设备及其他相关费用；其二，工程造价是指建设工程承发包价格。

（2）第二种解释

第二种解释是全国造价工程师执业考试培训教材的解释。工程造价有两种含义：其一，工程造价是指建设一项工程预期开支或实际开支的全部固定资产投资费用；其二，工程造价是指工程价格，即为建成一项工程，预计或实际在土地市场、设备市场、技术劳务市场，以及承包市场等交易活动中所形成的建筑安装工程价格和建设工程总价格。这是目前业界比较流行的一种解释。

（3）第三种解释

第三种解释是行政主管部门在"工程造价管理办法"中的解释。工程造价是对投资估算、设计概算、施工图预算、工程标底、投标报价、工程结算、竣工决算等，建设工程全过程价格计算的概括性用语。

▶ 1.1.2　安装工程计量与计价的特点

建筑工程项目作为一种商品，其造价也同其他商品一样，包括各种活劳动和物化劳动的消耗量，以及这些消耗所创造的社会价值。但是，建筑工程项目又有其特殊性，具有产品固定而生产流动的特点，产品单件性、多样性的特点，以及产品体积庞大、生产周期长、露天作业的特点。这些特点决定了其工程造价及计价的特点。

1) **工程造价的特点**

工程造价具有大额性、个别性和差异性、动态性、层次性以及兼容性的特点。

①大额性:能够发挥投资者投资效用的任何一项工程,不仅形体庞大,而且价值高昂,动辄数百万、数千万、数亿元,特别大的工程项目其造价甚至达上百亿元。工程造价的大额性使它关系到各方面的重大经济利益,同时会对国家宏观经济产生重要影响,这就决定了工程造价管理的特殊地位,也说明了造价管理的重要意义。

②个别性和差异性:任何一项工程都有其特定的用途、功能、规模,因此工程结构、造型、空间分割、设备配置和内外装饰装修都有具体的要求,使得工程内外形态都具个别性、差异性。产品的差异性决定了工程造价的个别性和差异性。同时,各项工程所处地区、地段都不相同,更强化了这一特点。

③动态性:一个建筑工程,从决策到竣工交付使用,都有一个很长的建设周期。在这个周期内,许多动态因素会发生变化,如工程设计变更,设备材料价格、工资标准、费率、利率、汇率等的变化。这些变化都将影响工程造价,使工程造价处于不确定状态,直至竣工决算时才能最终确定工程实际造价。

④层次性:造价的层次性取决于工程的层次性。工程造价有 3 个层次:建设项目总造价、单项工程造价、单位工程造价。如果专业分工更细,还有分部、分项工程造价,从而形成 5 个层次。

⑤兼容性:工程造价的兼容性首先表现在它具有建设项目总投资和建筑安装工程总费用两种意义,其次表现在成本和盈利的构成非常复杂、相互交融。

2) **工程造价计价的特点**

工程造价计价具有单件性、多次性、组合性、多样性和复杂性的特点。

①单件性:建筑工程产品的个别性和差异性决定了每项产品都必须单独计算造价。

②多次性:建筑工程周期长、规模大、造价高,因此,要按照规定的程序进行建设,相应地也需分段多次进行计价,以保证工程造价的科学性。多次计价是一个逐步深化、逐步细化和逐步接近实际造价的过程。

③组合性:这一特征和项目的组成划分有关。一个建设项目是一个综合体,是由许多分项工程、分部工程、单位工程、单项工程依序组成的。建设项目的这种组合决定了工程计价也是一个逐步组合的过程。其计算顺序是分项工程造价→分部工程造价→单位工程造价→单项工程造价→建设项目造价。

④多样性:指工程造价有多种计价方法和模式。例如,施工图预算有定额计价模式(单价法)和工程量清单计价模式(实物法)等。

⑤复杂性:指影响工程造价的因素较多,计价依据复杂,种类繁多。

▶　**1.1.3　安装工程计量与计价投资组成**

建设项目总投资是为了完成工程项目建设并达到使用要求或生产条件,在建设期内预计或实际投入的全部费用总和。生产性建设项目总投资包括建设投资、建设期利息和流动资金3 个部分。非生产性建设项目总投资包括建设投资和建设期利息两个部分。其中,建设投资和建设期利息之和对应于固定资产投资,固定资产投资与建设项目的工程造价在量上相等。

工程造价的基本构成包括用于购买工程项目所含各种设备的费用,用于建筑施工和安装施工所需支出的费用,用于委托工程勘察设计应支付的费用,用于购置土地所需的费用,也包括用于建设单位自身进行项目筹建和项目管理所花费的费用等。总之,工程造价是指在建设期预计或实际支出的建设费用。

工程造价中的主要构成部分是建设投资。建设投资是指为完成工程项目建设,在建设期内投入且形成现金流出的全部费用。根据《建设项目经济评价方法与参数》(第三版)(发改投资〔2006〕1325 号)的规定,建设投资包括工程费用、工程建设其他费用和预备费 3 个部分。工程费用是指建设期内直接用于工程建造、设备购置及其安装的建设投资,可分为设备及工器具购置费和建筑安装工程费。工程建设其他费用是指建设期项目建设或运营必须发生的但不包括在工程费用中的费用。预备费是指在建设期内因各种不可预见因素的变化而预留的可能增加的费用,包括基本预备费和价差预备费。建设项目总投资的具体构成内容如图1.1 所示。

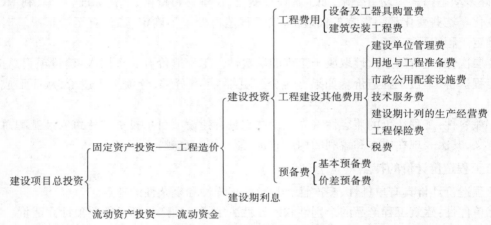

图1.1　建设项目总投资构成

流动资金是指为进行正常生产运营,用于购买原材料、燃料、支付工资及其他运营费用等所需的周转资金。在可行性研究阶段用于财务分析时计为全部流动资金,在初步设计及以后阶段用于计算"项目报批总投资"或"项目概算总投资"时计为铺底流动资金。铺底流动资金是指生产经营性建设项目为保证投产后正常的生产运营所需,并在项目资本金中筹措的自有流动资金。

1.2　建设项目各工作阶段计价介绍

建设项目各工作阶段计价,如图1.2 所示。

(1)投资估算

投资估算是指在整个投资决策过程中,依据现有的资料和一定的方法,对建设项目的投资额(包括工程造价和流动资金)进行的估计。投资估算总额是指从筹建、施工直至建成投产的全部建设费用,所包括的内容应视项目的性质和范围而定。

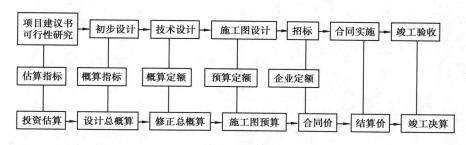

图 1.2 建设项目各工作阶段计价

（2）设计概算

设计概算是在初步设计和扩大初步设计阶段,由设计单位根据初步投资估算、设计要求及初步设计图纸或扩大初步设计图纸,依据概算定额或概算指标,各项费用定额或取费标准,建设地区自然、技术经济条件和设备、材料预算价格等资料,或参照类似工程预(决)算文件,编制和确定的建设项目由筹建至竣工交付使用的全部建设费用的经济文件。

（3）施工图预算

施工图预算是根据施工图、预算定额、各项取费标准、建设地区的自然及技术经济条件等资料编制的建筑安装工程预算文件。在我国,施工图预算是建筑企业和建设单位签订承包合同、实行工程预算包干、拨付工程款和办理工程结算的依据;是建筑企业控制施工成本、实行经济核算和考核经营成果的依据。在实行招标承包制的情况下,施工图预算是建设单位确定招标控制价和建筑企业投标报价的依据。

（4）施工预算

施工预算是编制实施性成本计划的主要依据,是施工企业为了加强企业内部经济核算,在施工图预算的控制下,依据企业的内部施工定额,以建筑安装单位工程为对象,根据施工图纸、施工定额、施工及验收规范、标准图集、施工组织设计(施工方案)编制的单位工程施工所需的人工、材料、施工机械台班用量的技术经济文件。它是施工企业的内部文件,同时也是施工企业进行劳动调配、物资计划供应、控制成本开支、进行成本分析和班组经济核算的依据。

（5）竣工结算

竣工结算是指一个建设项目或单项工程、单位工程全部竣工,发承包双方根据现场施工记录、设计变更通知书、现场变更、签证。定额预算单价等资料,进行合同价款的增减或调整计算。竣工结算应按照合同有关条款和价款结算办法的有关规定进行,合同通用条款中有关条款的内容与价款结算办法的有关规定有出入的,以价款结算办法的规定为准。

（6）竣工决算

竣工决算是指在工程竣工验收交付使用阶段,由建设单位编制的建设项目从筹建到竣工验收、交付使用全过程中实际支付的全部建设费用。竣工决算是整个建设工程的最终价格,是建设单位财务部门汇总固定资产的主要依据。

竣工决算是建设工程经济效益的全面反映,是项目法人核定各类新增资产价值,办理其交付使用的依据。通过竣工决算,一方面能够正确反映建设工程的实际造价和投资结果;另一方面可通过竣工决算与概算、预算的对比分析,考核投资控制的工作成效,总结经验教训,积累技术经济方面的基础资料,提高未来建设工程的投资效益。

2

安装工程定额

2.1 概 述

▶ 2.1.1 定额的概念

定额是指在正常施工条件下,生产质量合格的单位产品所消耗的人力、物力、财力和时间等的数量标准。即在合理的劳动组织合理的使用材料和机械的条件下,预先规定完成单位合格产品所消耗资源数量的标准,它反映了一定时期社会生产力水平的高低。

▶ 2.1.2 定额的性质

1)科学性

用科学的态度制定定额,尊重客观实际,力求定额水平合理,反映出工程建设中生产消费的客观规律;在制定定额的技术方法上,是通过长期观察、测定、总结实践生产及广泛搜集资料的基础上制定的定额。它是对工时分析、动作研究、现场布置、工具设备改革,以及生产技术与组织的合理配合等各方面进行科学的综合研究后制定的。

2)系统性

工程建设定额是相对独立的系统。它是由多种定额结合而成的有机整体,其结构复杂、层次鲜明、目标明确。

3)统一性

工程建设定额的统一性按照其影响力和执行范围来看,有全国统一定额、地区统一定额和行业统一定额等;按照定额的制定、颁布和贯彻使用来看,有统一的程序、统一的原则、统一的要求和统一的用途。

4)稳定性

定额是相对稳定的,当定额与已经发展的生产力不相适应时,其作用就会逐渐减弱。当定额不再起促进生产力发展的作用时,就要重新编制或进行修订。保持稳定性是维护权威性所必需的,也是有效贯彻定额所必需的。

5)时效性

定额都是一定时期技术发展和管理水平的反映,因而在一段时期内都表现出稳定的状态。随着社会生产力水平的提高,定额的使用年限一般为 5～10 年,如规则、工料机消耗、基础单价、各项费用取费率等。

6)权威性

定额的制定是以科学性为基础,且能反映社会生产力水平,并符合市场经济发展规律,经过一定的程序和相关授权单位审批颁发,因此具有权威性。

▶ 2.1.3 定额的作用

在工程建设和企业管理中,确定和执行先进合理的定额是技术和经济管理工作中的重要一环。在工程项目的计划、设计和施工中,定额具有下述几个方面的作用。

①定额是编制计划的基础。工程建设活动需要编制各种计划来组织和指导生产,而计划编制中又需要各种定额来作为计算人力、物力、财力等资源需要量的依据,因此,定额是编制计划的重要基础。

②定额是确定工程造价的依据和评价设计方案经济合理性的尺度。工程造价是根据设计规定的工程规模、工程数量及相应需要的劳动力、材料、机械设备消耗量及其他必须消耗的资金来确定的。其中,劳动力、材料、机械设备的消耗量又是根据定额计算出来的,因此定额是确定工程造价的依据。同时,建设项目投资的大小反映了各种不同设计方案技术经济水平的高低,因此定额又是比较和评价设计方案经济合理性的尺度。

③定额是组织和管理施工的工具。建筑企业要计算、平衡资源需要量,组织材料供应,调配劳动力,签发任务单,组织劳动竞赛,调动人的积极性,考核工程消耗和劳动生产率,贯彻按劳分配工资制度,计算工人报酬等,都要利用定额。因此,从组织施工和管理生产的角度来说,定额又是建筑企业组织和管理施工的工具。

④定额是总结先进生产方法的手段。定额是在平均先进的条件下,通过对生产流程的观察、分析、综合等过程制定的,它能够严格地反映出生产技术和劳动组织的先进合理程度。因此,以定额方法为手段,对同一产品在同一操作条件下的不同生产方法进行观察、分析和总结,从而得到一套比较完整的、优良的生产方法,作为在生产中推广的范例。

▶ 2.1.4 定额的分类

工程定额是指在正常施工条件下,完成规定计量单位的合格建筑安装工程所消耗的人工、材料、施工机具台班、工期天数及相关费率等的数量标准。

工程定额是一个综合概念,是建设工程造价计价和管理中各类定额的总称,包括许多种类的定额,可以按照不同的原则和方法对它进行分类。

(1)按生产要素分类

按生产要素分,可将工程定额分为劳动消耗定额、材料消耗定额和机具消耗定额。

①劳动消耗定额:简称劳动定额(也称人工定额),是在正常的施工技术和组织条件下,完成规定计量单位合格的建筑安装产品所消耗的人工工日数量标准。劳动定额的主要表现形式是时间定额,但同时也表现为产量定额。时间定额与产量定额互为倒数。

②材料消耗定额:简称材料定额,是指在正常的施工技术和组织条件下,完成规定计量单位合格的建筑安装产品所消耗的原材料、成品、半成品、构配件、燃料以及水、电等动力资源的数量标准。

③机具消耗定额:由机械消耗定额与仪表消耗定额组成。机械消耗定额是以一台机械一个工作班为计量单位,因此又称为机械台班定额。机械消耗定额是指在正常的施工技术和组织条件下,完成规定计量单位合格的建筑安装产品所消耗的施工机械台班的数量标准。机械消耗定额的主要表现形式是机械时间定额,同时也以产量定额表现。施工仪器仪表消耗定额的表现形式与机械消耗定额类似。

(2)按编制程序和用途分类

按编制程序和用途分,可将工程定额分为施工定额、预算定额、概算定额、概算指标、投资估算指标等。

①施工定额:是指在正常施工条件下,以施工过程为标定对象而规定的完成单位合格产品所需消耗的人工、材料和机械台班的数量标准。施工定额是施工企业(建筑安装企业)为组织生产和加强管理在企业内部使用的一种定额,属于企业定额的性质。施工定额是以某一施工过程或基本工序作为研究对象,表示生产产品数量与生产要素消耗量综合关系编制的定额。为了适应组织生产和管理的需要,施工定额的项目划分很细,既是工程定额中分项最细、定额子目最多的一种定额,也是工程定额中的基础性定额。

②预算定额:在正常施工条件下,完成一定计量单位合格分项工程或结构构件所需消耗的人工、材料、施工机具台班数量及其费用标准。预算定额是一种计价性定额。从编制程序上看,预算定额是以施工定额为基础综合扩大编制的,同时它也是编制概算定额的基础。

③概算定额:是完成单位合格扩大分项工程或扩大结构构件所需消耗的人工、材料和施工机具台班的数量及其费用标准,是一种计价性定额。概算定额是编制扩大初步设计概算、确定建设项目投资额的依据。概算定额的项目划分粗细,与扩大初步设计的深度相适应,一般是在预算定额的基础上综合扩大而成的,每一扩大分项概算定额都包含了数项预算定额。

④概算指标:以单位工程为对象,反映完成一个规定计量单位建筑安装产品的经济指标。概算指标是概算定额的扩大与合并,以更为扩大的计量单位来编制的。概算指标的内容包括人工、材料、机具台班 3 个基本部分,同时还列出了分部工程量及单位工程的造价,是一种计价定额。

⑤投资估算指标:以建设项目、单项工程、单位工程为对象,反映建设总投资及其各项费用构成的经济指标。它是在项目建议书和可行性研究阶段编制投资估算、计算投资需要量时使用的一种定额。投资估算指标的概略程度与可行性研究阶段相适应。投资估算指标往往根据历史的预、决算资料和价格变动等资料编制,但其编制基础仍然离不开预算定额、概算定额。上述各种定额的相互联系参见表 2.1。

表 2.1　定额的相互联系

分类	施工定额	预算定额	概算定额	概算指标	投资估算指标
对象	施工过程或基本工序	分项工程或结构构件	扩大的分项工程或扩大的结构构件	单位工程	建设项目、单项工程、单位工程
用途	编制施工预算	编制施工图预算	编制扩大初步设计概算	编制初步设计概算	编制投资估算
项目划分	最细	细	较粗	粗	很粗
定额水平	平均先进	平均	平均	平均	平均
定额性质	生产性定额	计价性定额			

（3）按专业分类

由于工程建设涉及众多的专业，不同的专业所含的内容也不同，因此，就确定人工、材料和机具台班消耗数量标准的工程定额来说，也需要按照不同的专业分别进行编制和执行。

①建筑工程定额按专业对象分为建筑及装饰工程定额、房屋修缮工程定额、市政工程定额、铁路工程定额、公路工程定额、矿山井巷工程定额、水利工程定额、水运工程定额等。

②安装工程定额按专业对象分为电气设备安装工程定额、机械设备安装工程定额、热力设备安装工程定额、通信设备安装工程定额、化学工业设备安装工程定额、工业管道安装工程定额、工艺金属结构安装工程定额等。

（4）按主编单位和管理权限分类

工程定额可分为全国统一定额、行业统一定额、地区统一定额、企业定额、补充定额等。

①全国统一定额：由国家建设行政主管部门综合全国工程建设中技术和施工组织管理的情况编制的，并在全国范围内执行的定额。

②行业统一定额：考虑各行业专业工程技术特点，以及施工生产和管理水平编制的。一般只在本行业和相同专业性质的范围内使用。

③地区统一定额：包括省、自治区、直辖市定额。地区统一定额主要是考虑地区性特点和全国统一定额水平作适当调整和补充编制的。

④企业定额：施工单位根据本企业的施工技术、机械装备和管理水平编制的人工、材料、机具台班等的消耗标准。企业定额在企业内部使用，是企业综合素质的标志。企业定额水平一般应高于国家现行定额，才能满足生产技术发展、企业管理和市场竞争的需要。在工程量清单计价方法下，企业定额是施工企业进行投标报价的依据。

⑤补充定额：指随着设计、施工技术的发展，在现行定额不能满足需要的情况下，为了补充缺陷所编制的定额。补充定额只能在指定的范围内使用，可以作为以后修订定额的基础。

上述各种定额虽然适用于不同的情况和用途，但它们是一个互相联系的有机整体，在实际工作中应配合使用。

2.2　施工定额消耗量的编制

▶ 2.2.1　施工定额的概念及作用

1）施工定额的概念

施工定额是指在正常施工条件下,以施工过程为标定对象而规定的完成单位合格产品所需消耗的人工、材料和机械台班的数量标准。施工定额是直接应用于建筑安装企业内部施工管理的一种定额。

2）施工定额的组成

施工定额由劳动消耗量定额、材料消耗量定额和机械台班消耗量定额3个部分组成。

3）施工定额的作用

①施工定额是企业计划管理的依据。

②施工定额是编制单位工程施工预算,加强企业成本管理和经济核算的依据。

③施工定额是施工企业进行工程投标、编制工程投标报价的基础和主要依据。

④施工定额是计算工人劳动报酬的依据。

⑤施工定额是企业激励工人的标准尺度。

▶ 2.2.2　劳动消耗量定额

劳动消耗量定额,简称劳动定额,也称人工定额。它是在正常施工条件下,完成单位合格产品所消耗的劳动力数量标准。人工消耗量可见图2.1工人工作时间消耗的分类图。

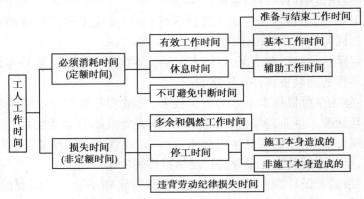

图2.1　工人工作时间消耗的分类图

本专业使用的劳动定额有《全国建筑安装工程统一劳动定额》、地方补充劳动定额、企业补充劳动定额、一次性的临时劳动定额等。

劳动定额有两种表现形式,即时间定额和产量定额。

（1）时间定额

时间定额是指在正常的施工技术和组织条件下，某种技术等级的班组或个人完成单位合格产品所消耗的工作时间。

（2）产量定额

产量定额是指在合理的生产组织与合理使用材料的条件下，某专业某种技术等级的工人班组或个人在单位"工日"内完成合格产品的数量。其计算方法如下：

$$每工产量 = \frac{1}{单位产品时间定额（工日）} \tag{2.1}$$

时间定额和产量定额互为倒数，即

$$时间定额 = \frac{1}{产量定额} \tag{2.2}$$

▶ 2.2.3　材料消耗量定额

材料消耗量定额是指在节约与合理使用材料的条件下，生产单位合格产品所必须消耗的一定规格的工程材料、成品、半成品或配件的数量标准。

材料消耗的数量包括材料的净用量和必要的损耗数量。材料的净量是指不考虑废料和损耗的情况下，直接用于建筑物上的材料。

材料的损耗是指在施工过程中不可避免的浪费和损耗。其中，材料的损耗范围包括：

①从工地仓库现场堆放地点或现场加工点到安装地点的途中运输损耗。

②施工操作损耗。

③施工现场堆放损耗。

材料的损耗量与材料的净用量之比称为材料的损耗率。其计算方法如下：

$$材料的消耗量 = 材料的净用量 + 材料的损耗量 \tag{2.3}$$

$$材料的损耗率 = \frac{材料的损耗量}{材料的净用量} \times 100\% \tag{2.4}$$

$$材料的损耗量 = 材料的净用量 \times 材料的损耗率 \tag{2.5}$$

$$材料的消耗量 = 材料的净用量 \times (1 + 材料的损耗率) \tag{2.6}$$

▶ 2.2.4　机械台班消耗量定额

机械台班消耗量定额也称机械台班定额。它是指施工机械在正常的使用条件下，完成单位合格产品所消耗的机械台班数量标准。机械消耗量可见图2.2所示机器工作时间消耗的分类图。

机械台班定额可分为机械时间定额和机械产量定额。

（1）机械时间定额

机械时间定额是指某种施工机械完成单位合格产品所消耗的工作时间数量标准，用"台时"或"台班"表示，每"台班"等于8台时。其计算公式为：

$$单位产品机械时间定额（台班） = \frac{1}{每台班机械产量} \tag{2.7}$$

（2）机械产量定额

机械产量定额是指某种施工机械在合理劳动组织与合理使用机械条件下，机械在每个台班时间内所完成合格产品的数量标准。其计算公式为：

$$机械台班产量定额 = \frac{1}{机械时间定额（台班）} \qquad (2.8)$$

机械时间定额和机械台班产量定额互为倒数，即

$$机械时间定额 \times 机械台班产量定额 = 1 \qquad (2.9)$$

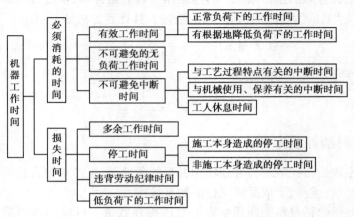

图 2.2　机器工作时间消耗的分类图

2.3　人工、材料和施工机具台班单价的确定

▶ 2.3.1　人工日工资单价

人工日工资单价是指施工企业平均技术熟练程度的生产工人在每个工作日（国家法定工作时间内）按规定从事施工作业应得的日工资总额。合理确定人工日工资单价是正确计算人工费和工程造价的前提和基础。

人工日工资单价由计时工资或计件工资、奖金、津贴补贴以及特殊情况下支付的工资组成。具体组成内容如下：

①计时工资或计件工资：是指按计时工资标准和工作时间或对已做工作按计件单价支付给个人的劳动报酬。

②奖金：是指对超额劳动和增收节支支付给个人的劳动报酬，如节约奖、劳动竞赛奖等。

③津贴补贴：是指为了补偿职工特殊或额外的劳动消耗和因其他原因支付给个人的津贴，以及为了保证职工工资水平不受物价影响支付给个人的物价补贴，如流动施工津贴、特殊地区施工津贴、高温（寒）作业临时津贴、高空津贴等。

④特殊情况下支付的工资：是指根据国家法律、法规和政策规定，因病、工伤、产假、计划生育假、婚丧假、事假、探亲假、定期休假、停工学习、执行国家或社会义务等原因按计时工资标准或计件工资标准的一定比例支付的工资。

▶ 2.3.2　材料单价

在建筑工程中，材料费占总造价的 60% ~ 70%，在金属结构工程中所占比重还要大，因

此,合理确定材料价格构成,正确计算材料单价,有利于合理确定和有效控制工程造价。材料单价是指建筑材料从其来源地运到施工工地仓库,直至出库形成的综合平均单价。

1)材料原价(或供应价格)

材料原价是指国内采购材料的出厂价格,国外采购材料抵达买方边境、港口或车站并缴纳完各种手续费、税费(不含增值税)后形成的价格。在确定原价时,凡同一种材料因来源地、交货地、供货单位、生产厂家不同,而有几种价格(原价)时,根据不同来源地供货数量比例,采取加权平均的方法确定其综合原价。其计算公式为:

$$加权平均原价 = \frac{K_1 C_1 + K_2 C_2 + \cdots + K_n C_n}{K_1 + K_2 + \cdots + K_n} \tag{2.10}$$

式中　$K_1, K_2, \cdots, K_n$——各不同供应地点的供应量或各不同使用地点的需要量;

　　　$C_1, C_2, \cdots, C_n$——各不同供应地点的原价。

若材料供货价格为含税价格,则材料原价应以购进货物适用的税率(13%或9%)或征收率(3%)扣除增值税进项税额。

2)材料运杂费

材料运杂费是指国内采购材料自来源地、国外采购材料自到岸港运至工地仓库或指定堆放地点发生的费用(不含增值税)。含外埠中转运输过程中所发生的一切费用和过境过桥费用,包括调车和驳船费、装卸费、运输费及附加工作费等。

同一品种的材料有若干个来源地,应采用加权平均的方法计算材料运杂费。其计算公式为:

$$加权平均运杂费 = \frac{K_1 T_1 + K_2 T_2 + \cdots + K_n T_n}{K_1 + K_2 + \cdots + K_n} \tag{2.11}$$

式中　$K_1, K_2, \cdots, K_n$——各不同供应地点的供应量或各不同使用地点的需要量;

　　　$T_1, T_2, \cdots, T_n$——各不同运距的运费。

若运输费用为含税价格,则需按"两票制"和"一票制"两种支付方式分别调整。

①"两票制"支付方式。所谓"两票制"材料,是指材料供应商就收取的货物销售价款和运杂费向建筑业企业分别提供货物销售和交通运输两张发票的材料。在这种方式下,运杂费以接受交通运输与服务适用税率9%扣除增值税进项税额。

②"一票制"支付方式。所谓"一票制"材料,是指材料供应商就收取的货物销售价款和运杂费合计金额向建筑业企业仅提供一张货物销售发票的材料。在这种方式下,运杂费采用与材料原价相同的方式扣除增值税进项税额。

3)运输损耗

在材料运输中应考虑一定的场外运输损耗费用。这是指材料在运输装卸过程中不可避免的损耗。其计算公式为:

$$运输损耗 = (材料原价 + 运杂费) \times 运输损耗率 \tag{2.12}$$

4)采购及保管费

采购及保管费是指为组织采购、供应和保管材料过程中所需的各项费用,包括采购费、仓储费、工地保管费和仓储损耗。

采购及保管费一般按照材料到库价格以费率取定。其计算公式为:

$$采购及保管费 = 材料运到工地仓库价格 \times 采购及保管费率 \qquad (2.13)$$

或

$$采购及保管费 = (材料原价 + 运杂费 + 运输损耗费) \times 采购及保管费率 \qquad (2.14)$$

综上所述,材料单价的一般计算公式为:

$$材料单价 = [(供应价格 + 运杂费) \times (1 + 运输损耗率)] \times (1 + 采购及保管费率)$$

$$(2.15)$$

由于我国幅员辽阔,建筑材料产地与使用地点的距离,各地差异很大,采购、保管、运输方式也不尽相同,因此材料单价原则上按地区范围编制。

▶ 2.3.3 施工机械台班单价

施工机械使用费是根据施工中耗用的机械台班数量和机械台班单价确定的。施工机械台班耗用量按有关定额规定计算。施工机械台班单价是指一台施工机械在正常运转条件下一个工作班所发生的全部费用,每台班按 8 h 工作制计算。正确制定施工机械台班单价是合理确定和控制工程造价的重要方面。

根据《建设工程施工机械台班费用编制规则》(建标〔2015〕34 号)的规定,施工机械划分为 12 个类别:土石方及筑路机械、桩工机械、起重机械、水平运输机械、垂直运输机械、混凝土及砂浆机械、加工机械、泵类机械、焊接机械、动力机械、地下工程机械和其他机械。

施工机械台班单价由 7 项费用组成,包括折旧费、检修费、维护费、安拆费及场外运费、人工费、燃料动力费和其他费用。

①折旧费:指施工机械在规定的耐用总台班内,陆续收回其原值的费用。

②检修费:指施工机械在规定的耐用总台班内,按规定的检修间隔进行必要的检修,以恢复其正常功能所需的费用。

③维护费:指施工机械在规定的耐用总台班内,按规定的维护间隔进行各级维护和临时故障排除所需的费用。

④安拆费及场外运费:指施工机械在现场进行安装与拆卸所需的人工、材料、机械和试运转费用以及机械辅助设施的折旧、搭设、拆除等费用;场外运费指施工机械整体或分体自停放地点运至施工现场或由一施工地点运至另一施工地点的运输、装卸、辅助材料及架线等费用。

⑤人工费:指机上司机(司炉)和其他操作人员的人工费。

⑥燃料动力费:指施工机械在运转作业中所消耗的各种燃料费及水、电等费用。

⑦其他费用:指施工机械按照国家规定应缴纳的车船税、保险费及检测费等。

▶ 2.3.4 施工仪器仪表台班单价

根据《建设工程施工仪器仪表台班费用编制规则》(建标〔2015〕34 号)的规定,施工仪器仪表划分为 7 个类别:自动化仪表及系统、电工仪器仪表、光学仪器、分析仪表、试验机、电子和通信测量仪器仪表、专用仪器仪表。

施工仪器仪表台班单价由 4 项费用组成,包括折旧费、维护费、校验费、动力费。施工仪器仪表台班单价中的费用组成不包括检测软件的相关费用。

①折旧费:指施工仪器仪表在耐用总台班内,陆续收回其原值的费用。

②维护费:指施工仪器仪表各级维护、临时故障排除所需的费用及为保证仪器仪表正常

使用所需备件(备品)的维护费用。

③校验费:指国家与地方政府规定的标定与检验费用。

④动力费:指施工仪器仪表在施工过程中所耗用的电费。

2.4 预算定额编制

▶ 2.4.1 预算定额的概念及作用

1)预算定额的概念

预算定额是指在正常合理的施工条件下,规定完成一定计量单位的分项工程或结构构件所必需的人工、材料和施工机具台班数量及其相应费用标准。安装工程预算定额也称为安装工程计价定额。

2)预算定额的作用

预算定额的作用主要表现在以下几个方面:

①预算定额是设计单位对设计方案进行技术经济比较的依据。

②预算定额是建筑安装企业对招标承包工程进行投标报价的依据。

③预算定额是编制概算定额、估算指标的基础。

④预算定额是施工单位加强施工组织管理和经济核算的依据。

⑤预算定额是编制施工图预算、工程结算以及合理确定工程造价的依据。

▶ 2.4.2 预算定额消耗量的编制方法

确定预算定额人工、材料、施工机具台班消耗指标时,必须先按施工定额的分项逐项计算出消耗指标,然后再按预算定额的项目加以综合。但是,这种综合不是简单的合并和相加,而是需要在综合过程中增加两种定额之间的适当水平差。预算定额的水平取决于这些消耗量的合理确定。

人工、材料和施工机具台班消耗量指标,应根据定额编制原则和要求,采用理论与实际相结合、图纸计算与施工现场测算相结合、编制人员与现场工作人员相结合等方法进行计算和确定,使定额既符合政策要求,又与客观情况一致,便于贯彻执行。

1)预算定额中人工工日消耗量的计算

预算定额中人工工日消耗量有两种确定方法:一种是以劳动定额为基础确定;另一种是以现场观察测定资料为基础计算,主要用于遇到劳动定额缺项时,采用现场工作日写实等测时方法测定和计算定额的人工耗用量。

预算定额中人工工日消耗量是指在正常施工条件下,生产单位合格产品所必需消耗的人工工日数量,是由分项工程综合的各个工序劳动定额组成的。

(1)基本用工

基本用工是指完成一定计量单位的分项工程或结构构件的各项工作过程的施工任务所必需消耗的技术工种用工。按技术工种相应劳动定额工时定额计算,以不同工种列出定额工日。基本用工包括：

①完成定额计量单位的主要用工，按综合取定的工程量和相应劳动定额进行计算。

$$基本用工 = \sum (综合取定的工程 \times 劳动定额) \tag{2.16}$$

②按劳动定额规定应增（减）计算的用工量。

（2）其他用工

其他用工是辅助基本用工消耗的工日，包括超运距用工、辅助用工和人工幅度差。

①超运距用工。超运距是指劳动定额中已包括的材料、半成品场内水平搬运距离，与预算定额所考虑的现场材料、半成品堆放地点到操作地点的水平运输距离之差。其计算公式为：

$$超运距 = 预算定额取定运距 - 劳动定额已包括的运距 \tag{2.17}$$

$$超运距用工 = \sum (超运距材料数量 \times 时间定额) \tag{2.18}$$

需要指出的是，实际工程现场运距超过预算定额取定运距时，可另行计算现场二次搬运费。

②辅助用工。即技术工种劳动定额内不包括而在预算定额内又必须考虑的用工，如机械土方工程配合用工、材料加工（筛砂、洗石、淋化石膏）用工、电焊点火用工等。其计算公式为：

$$辅助用工 = \sum (材料加工数量 \times 相应的加工劳动定额) \tag{2.19}$$

③人工幅度差。即预算定额与劳动定额的差额，主要是指在劳动定额中未包括而在正常施工情况下不可避免但又很难准确计量的用工和各种工时损失。其内容包括各工种间的工序搭接及交叉作业相互配合或影响所发生的停歇用工；在施工过程中，移动临时水电线路而造成的影响工人操作的时间；工程质量检查和隐蔽工程验收工作而影响工人操作的时间；同一现场内单位工程之间因操作地点转移而影响工人操作的时间；工序交接时对前一工序不可避免的修整用工；施工中不可避免的其他零星用工。其计算公式为：

$$人工幅度差 = (基本用工 + 辅助用工 + 超运距用工) \times 人工幅度差系数 \tag{2.20}$$

人工幅度差系数一般为 10% ~ 15%。在预算定额中，将人工幅度差的用工量列入其他用工量中。

2）预算定额中材料消耗量的计算

①凡有标准规格的材料，按规范要求计算定额计量单位的耗用量，如砖、防水卷材、块料面层等。

②凡设计图纸标注尺寸及下料要求的按设计图纸尺寸计算材料净用量，如门窗制作用方、板料等。

③换算法。各种胶结、涂料等材料的配合比用料，可根据要求条件换算得出材料用量。

④测定法。包括实验室试验法和现场观察法。测定法指各种强度等级的混凝土及砌筑砂浆配合比的耗用原材料数量的计算，须按照规范要求试配，经试压合格并经过必要的调整得出的水泥、砂子、石子、水的用量。对于新材料、新结构，当不能用其他方法计算定额消耗用量时，须用现场测定法确定，根据不同条件可采用写实记录法和观察法，得出定额消耗量。

3）预算定额中机具台班消耗量的计算

预算定额中机具台班消耗量是指在正常施工条件下，生产单位合格产品（分部分项工程或结构构件)必须消耗的某种型号施工机具的台班数量。下面主要介绍机械台班消耗量的计算。

①根据施工定额确定机械台班消耗量的计算。这种方法是指用施工定额中,机械纯工作1 h循环次数、一次循环生产的产品数量、正常生产率和机械台班产量加机械幅度差计算预算定额的机械台班消耗量。

机械台班幅度差是指在施工定额所规定的范围内没有包括而在实际施工中又不可避免地产生的影响机械或使机械停歇的时间。其内容包括施工机械转移工作面及配套机械相互影响损失的时间;在正常施工条件下,机械在施工中不可避免的工序间歇;工程开工或收尾时工作量不饱满所损失的时间;检查工程质量影响机械操作的时间;临时停机、停电影响机械操作的时间;机械维修引起的停歇时间。

综上所述,预算定额的机械台班消耗量按下式计算:

$$预算定额机械耗用台班 = 施工定额机械耗用台班 \times (1 + 机械幅度差系数) \quad (2.21)$$

【例2.1】 已知某挖土机挖土,一次正常循环工作时间是40 s,每次循环平均挖土量0.3 m³,机械时间利用系数为0.8,机械幅度差系数为25%。求该机械挖土方1 000 m³的预算定额机械耗用台班量。

解 机械纯工作1 h循环次数 = 3 600/40 = 90(次/台时)

机械纯工作1 h正常生产率 = 90 × 0.3 = 27(m³/台时)

施工机械台班产量定额 = 27 × 8 × 0.8 = 172.8(m³/台班)

施工机械台班时间定额 = 1/172.8 = 0.005 79(台班/m³)

预算定额机械耗用台班 = 0.005 79 × (1 + 25%) = 0.007 23(台班/m³)

挖土方1 000 m³的预算定额机械耗用台班量 = 1 000 × 0.007 23 = 7.23(台班)

②以现场测定资料为基础确定机械台班消耗量。如遇到施工定额缺项者,则需依据单位时间完成的产量测定。

▶ 2.4.3 预算定额基价编制

预算定额基价就是预算定额分项工程或结构构件的单价,各省预算定额基价的表达内容不尽统一。有的定额基价只包括人工费、材料费和施工机具使用费,即工料单价;有的定额基价包括工料单价以外的管理费、利润的清单综合单价,即不完全综合单价;有的定额基价还包括规费、税金在内的全费用综合单价,即完全综合单价。

预算定额基价的编制方法以工料单价为例,即工、料、机的消耗量和工、料、机单价的结合过程。其中,人工费是由预算定额中每一分项工程各种用工数乘以地区人工工日单价之和算出的;材料费是由预算定额中每一分项工程的各种材料消耗量乘以地区相应材料预算价格之和算出的;施工机具费是由预算定额中每一分项工程的各种机械台班消耗量乘以地区相应施工机械台班预算价格之和,以及仪器仪表使用费汇总后算出的。上述单价均为不含增值税进项税额的价格。

以基价为工料单价为例,分项工程预算定额基价的计算公式为:

$$分项工程预算定额基价 = 人工费 + 材料费 + 施工机具使用费 \quad (2.22)$$

其中,

$$人工费 = \sum (现行预算定额中各种人工工日用量 \times 人工日工资单价) \quad (2.23)$$

$$材料费 = \sum（现行预算定额中各种材料耗用量 \times 相应材料单价） \qquad (2.24)$$

$$施工机具使用费 = \sum（现行预算定额中机械台班用量 \times 机械台班单价） +$$

$$\sum（仪器仪表台班用量 \times 仪器仪表台班单价） \qquad (2.25)$$

预算定额基价是根据现行定额和当地价格水平编制的，具有相对的稳定性。在预算定额中列出的"预算价值"或"基价"，应视作该定额编制时的工程单价。为了适应市场价格的变动，在编制预算时，必须根据工程造价管理部门发布的调价文件，对固定的工程预算单价进行修正。修正后的工程单价乘以根据图纸计算出的工程量，就可以获得符合实际市场情况的人工、材料、机具费用。

2.5　重庆市通用安装工程计价定额

▶　2.5.1　编制原则

《重庆市通用安装工程计价定额》（CQAZDE—2018）的编制原则如下：

①遵循社会主义市场经济原则。有利于政府对工程造价的宏观调控，有利于规范工程造价计价行为，满足合理确定与有效控制工程投资的目的。

②贯彻社会平均水平原则。反映当前重庆市建筑企业管理、劳务用工、生产资料组织方式和劳动力生产水平等实际情况，体现正常的施工技术条件、多数企业装备水平、合理施工工艺和劳动组织条件下的社会平均要素消耗水平。

③体现"四新"技术原则。反映新材料、新工艺、新技术和新设备技术应用成果，淘汰落后技术项目，调整不合理项目，增加建筑节能、环保等项目，促进建筑技术进步。

④适用工程量清单计价原则。适应工程量清单计价模式改革要求，与工程量计价规范、规则以及相关方法相衔接，符合国家现行标准规范。

⑤简明适用原则。定额章节划分合理，定额结构形式简明；定额子目设置适用，子目面广齐全，步距划分粗细适宜；定额说明和工程量计算规则简洁明了。

▶　2.5.2　总说明

①《重庆市通用安装工程计价定额》（CQAZDE—2018）（以下简称"本定额"）是根据《通用安装工程消耗量定额》（TY02-31—2015）、《通用安装工程工程量计算规范》（GB 50856—2013）、《重庆市通用安装工程计价定额》（CQAZDE—2008）、《重庆市建设工程工程量计算规则》（CQJLGZ—2013）及现行有关设计规范、施工验收规范、质量评定标准、国家产品标准、安全操作规程等相关规定，并参考行业、地方标准及代表性的设计、施工等资料，结合重庆市实际情况进行编制的。

本定额共分 11 册，包括：

第一册《机械设备安装工程》

第二册《热力设备安装工程》

第三册《静置设备与工艺金属结构制作安装工程》

第四册《电气设备安装工程》

第五册《建筑智能化安装工程》

第六册《自动化控制仪表安装工程》

第七册《通风空调安装工程》

第八册《工业管道安装工程》

第九册《消防安装工程》

第十册《给排水、采暖、燃气安装工程》

第十一册《刷油、防腐蚀、绝热安装工程》

②本定额适用于重庆市行政区域内新建、扩建的通用安装工程。通用安装工程包括机械设备安装工程,热力设备安装工程,静置设备与工艺金属结构制作安装工程,电气设备安装工程,建筑智能化工程,自动化控制仪表安装工程,通风空调安装工程,工业管道安装工程,消防安装工程,给排水、采暖、燃气安装工程,刷油、防腐蚀、绝热安装工程,具体适用范围见各册说明。

③本定额是重庆市行政区域内国有资金投资的建设工程编制和审核施工图预算、招标控制价(最高投标限价)、工程结算的依据,是编制投标报价的参考,也是编制概算定额和投资估算指标的基础。非国有资金投资的建设工程可参照本定额规定执行。

④本定额是按正常施工条件,大多数施工企业采用的施工方法、机械化程度和合理的劳动组织及工期进行编制的,反映了社会平均人工、材料、机械消耗水平。本定额中的人工、材料、机械消耗量除规定允许调整外,均不得调整。

⑤本定额综合单价是指完成一个规定计量单位的分部分项工程项目或措施项目所需的人工费、材料费、施工机具使用费、企业管理费、利润及一般风险费。综合单价计算程序见表2.2。

表 2.2 定额综合单价计算程序表

序号	费用名称	计费基础
		定额人工费
一	定额综合单价	1+2+3+4+5+6
1	定额人工费	
2	定额材料费	
3	定额施工机具使用费	
4	企业管理费	1×费率
5	利润	1×费率
6	一般风险费	1×费率

A. 人工费。

a. 本定额人工以工种综合工表示,内容包括基本用工、超运距用工、辅助用工、人工幅度差,定额人工按8小时工作制计算。

b. 定额人工单价为设备、电工、管工、通风、油漆、绝热、安装综合工125元/工日,工业管道综合工 130 元/工日,智能化、仪器仪表综合工 135 元/工日。

B. 材料费。

a. 本定额材料消耗量已包括材料、成品、半成品的净用量以及从工地仓库、现场堆放地点或现场加工地点至操作或安装地点的运输损耗、施工操作损耗、施工现场堆放损耗。

b. 本定额材料已包括施工中消耗的主要材料、辅助材料和零星材料,辅助材料和零星材料合并为其他材料费。

c. 本定额中设备、材料、成品、半成品包括自施工单位现场仓库或现场指定堆放地点运至安装地点的水平和垂直运输。设备安装的垂直运输基准面,室内以室内地平面为基准面,室外以安装现场地平面为基准面。

d. 本定额已包括工程施工的周转性材料 30 km 以内,从甲工地(或基地)至乙工地的搬迁运输费和场内运输费。

e. 本定额中材料消耗量用"( )"表示的材料为未计价材料,未计入定额综合单价,未计价材料费另行计算。

C. 施工机具使用费。

a. 本定额不包括机械原值(单位价值)在 2 000 元以内、使用年限在一年以内、不构成固定资产的工具用具性小型机械费用。该"工具用具使用费"已包含在企业管理费中,但其消耗的燃料动力已列入材料内。

b. 本定额已包括工程施工的中小型机械 30 km 以内,从甲工地(或基地)至乙工地的搬迁运输费和场内运输费。

D. 企业管理费、利润。

本定额企业管理费、利润的费用标准是按《重庆市建设工程费用定额》(CQFYDE—2018)规定专业工程取定的,使用时不作调整。

E. 一般风险费。

本定额包含了《重庆市建设工程费用定额》(CQFYDE—2018)所指的一般风险费,使用时不作调整。

⑥人工、材料、机械燃料动力价格调整。本定额人工、材料、成品、半成品和机械燃料动力价格是以定额编制期市场价格确定的,建设项目实施阶段市场价格与定额价格不同时,可参照建设工程造价管理机构发布的工程所在地的信息价格或市场价格进行调整,价差不作为计取企业管理费、利润、一般风险费的计费基础。

⑦本定额未包括的绿色建筑定额项目,按《重庆市绿色建筑工程计价定额》(CQLSJZDE—2018)执行。

⑧本定额的缺项,按其他专业计价定额相关项目执行;再缺项时,由建设、施工、监理单位共同编制一次性补充定额。

⑨本定额的工作内容已说明了主要的施工工序,次要工序虽未说明,但均已包括在内。

⑩本定额中未注明单位的,均以"mm"为单位。

⑪本定额中注有"×××以内"或者"×××以下"者,均包括×××本身;"×××以外"或者"×××以上"者,则不包括×××本身。

⑫本定额总说明未尽事宜,详见各章说明。

▶　**2.5.3　册说明**

1）第一册《机械设备安装工程》

①《机械设备安装工程》（以下简称"本册定额"）适用于通用机械设备的安装工程。

②本册定额除各章另有说明外，均包括下列工作内容：

a. 安装主要工序。

整体安装：施工准备，设备、材料及工、机具水平搬运，设备开箱检验，配合基础验收、垫铁设置，地脚螺栓安放，设备吊装就位、安装、连接，设备调平找正，垫铁点焊，配合基础灌浆，设备精平对中找正，与机械本体连接的附属设备、冷却系统、润滑系统及支架防护罩等附件部件的安装，机组油、水系统管线的清洗，配合检查验收。

解体安装：施工准备，设备、材料及工、机具水平搬运，设备开箱检验，配合基础验收，垫铁设置，地脚螺栓安放，设备吊装就位、组对安装，各部间隙的测量、检查、刮研和调整，设备调平找正，垫铁点焊，配合基础灌浆，设备精平对中找正，与机械本体连接的附属设备、冷却系统、润滑系统及支架防护罩等附件部件的安装，机组油、水系统管线的清洗，配合检查验收。

解体检查：施工准备，设备本体、部件及第一个阀门以内管道的拆卸、清洗检查、换油、组装复原、间隙调整、找平找正、记录、配合检查验收。

b. 施工及验收规范中规定的调整、试验及空负荷试运转。

c. 与设备本体联体的平台、梯子、栏杆、支架、屏盘、电机、安全罩以及设备本体第一个法兰以内的成品管道等安装。

d. 工种间交叉配合的停歇时间，临时移动水、电源时间，以及配合质量检查、交工验收等工作。

e. 配合检查验收。

③本册定额不包括下列内容：

a. 设备场外运输。

b. 因场地狭小、有障碍物（沟、坑）等造成设备不能一次就位所引起的设备、材料增加的二次搬运、装拆工作。

c. 设备基础的铲磨，地脚螺栓孔的修整、预压，以及在木砖地层上安装设备所需增加的费用。

d. 地脚螺栓孔和基础灌浆。

e. 设备、构件、零部件、附件、管道、阀门、基础、基础盖板等的制作、加工、修理、保温、刷漆及测量、检测、试验等工作。

f. 设备试运转所用的水、电、气、油、燃料等。

g. 联合试运转、生产准备试运转。

h. 专用垫铁、特殊垫铁（如螺栓调整垫铁、球形垫铁、钩头垫铁等）。

i. 脚手架搭设与拆除。

j. 电气系统、仪表系统、通风系统、设备本体第一个法兰以外的管道系统等的安装、调试工作；非与设备本体联体的附属设备或附件（如平台、梯子、栏杆、支架、容器、屏盘等）的制作、安装、刷油、防腐、保温等工作。

④下列费用可按系数分别计取：

a. 本册定额第 D 章"起重设备安装"、第 E 章"起重机轨道安装"脚手架搭拆费按定额基价人工费的 8% 计取,其中人工费占 35%。

b. 操作高度增加费,设备底座的安装标高如超过地平面 ±10 m 时,超过部分工程量按定额人工、机械费乘以下列系数,见表 2.3。

表 2.3   操作高度增加系数表

设备底座正或负标高(m 内)	调整系数
20	1.15
30	1.2
40	1.3
50	1.5

⑤本册定额中设备地脚螺栓和连接设备各部件的螺栓、销钉、垫片及传动部分的润滑油料等随设备配套供货考虑。

⑥制冷站(库)、空气压缩站、乙炔发生站、水压机蓄势站、制氧站、煤气站等工程的系统调整费,按各站工艺系统内全部安装人工费的 15% 计算,其中人工费占 35%。

⑦安装与生产同时进行时,按定额人工费的 10% 计算。

2)第二册《热力设备安装工程》

①《热力设备安装工程》(以下简称"本册定额")适用于单台锅炉额定蒸发量小于220 t/h火力发电、供热工程中热力设备安装及调试工程,包括锅炉、锅炉附属设备、锅炉辅助设备、汽轮发电机、汽轮发电机附属设备、汽轮发电机辅助设备、燃煤供应设备、除渣与除灰设备、发电厂水处理专用设备、脱硫与脱硝设备、炉墙保温与砌筑、发电厂耐磨衬砌、工业与民用锅炉等安装与热力设备调试内容。

②本册定额除各章另有说明外,均包括下列工作内容:

施工准备、设备与器材及工器具的场内运输、开箱检查、安装、设备单体调整试验、结尾清理、配合质量检验、不同工种间交叉配合、临时移动水源与电源等工作内容。

③本册定额中热力设备主机是指锅炉、汽轮发电机;附属设备是指随主设备配套的设备;辅助设备是指为主设备运行服务的设备。

a. 锅炉附属设备包括磨煤机、风机等设备;汽轮发电机附属设备包括电动给水泵、凝结水泵等设备。

b. 锅炉辅助设备包括排污扩容器、暖风机等设备;汽轮发电机辅助设备包括除氧器、水箱、加热器等设备。

④本册定额不包括下列内容:

a. 单台额定蒸发量≥220 t/h 以上锅炉及其配套辅机、单机容量≥50 MW 汽轮发电机及其配套辅机设备安装,按电力行业相应定额执行。

b. 发电与供热工程通用的设备安装,如压缩机、小型风机、水泵、油泵、桥吊、电动葫芦等,按第一册《机械设备安装工程》相应定额子目执行。

c. 发电与供热工程各种管道与阀门及其附件安装按第八册《工业管道安装工程》相应定额子目执行;油漆、防腐、绝热按第十一册《刷油、防腐蚀、绝热安装工程》相应定额子目执行。

d. 随热力设备供货且需要独立安装的电气设备、电缆、滑触线、电缆支架与桥架及槽盒的安装，按第四册《电气设备安装工程》相应定额子目执行。

⑤发电与供热设备分系统调试、整套启动调试、特殊项目测试与性能验收试验应单独执行本册定额第 AD 章"热力设备调试工程"相应定额子目。

a. 单体调试是指设备或装置安装完成后未与系统连接时，根据设备安装施工交接验收规范，为确认其是否符合产品出厂标准和满足实际使用条件而进行的单机试运或单体调试工作。单体调试项目的界限是设备没有与系统连接，设备和系统断开时的单独调试。

b. 分系统调试是指工程的各系统在设备单机试运或单体调试合格后，为使系统达到整套启动所必须具备的条件而进行的调试工作。分系统调试项目的界限是设备已经与系统连接，设备和系统连接在一起进行的调试。

c. 整套启动调试泛指工程各系统调试合格后，根据启动试运规程、规范，在工程投料试运前以及试运期间，对工程整套工艺运行生产以及全部安装结果的验证、检验所进行的调试。整套启动调试项目的界限是工程各系统间连接，系统和系统连接在一起进行的调试。

⑥下列费用按系数分别计取：

A. 脚手架搭拆费按人工费（不包括第 AD 章"热力设备调试工程"中人工费）比例计算，其中人工费占 35%。

a. 发电与供热热力设备安装工程脚手架搭拆费按定额人工费 10% 计算。

b. 工业与民用锅炉安装工程脚手架搭拆费按定额人工费 7.5% 计算。

c. 炉墙保温与砌筑工程脚手架搭拆费按脚手架定额计算费用，炉墙保温与砌筑工程中的人工费亦不作为计算脚手架搭拆基数。

B. 在地下室内（含地下车库）、净高小于 1.6 m 楼层、断面小于 4 m² 且大于 2 m² 的隧道或洞内进行安装的工程，定额人工费乘以系数 1.06。

C. 安装与生产同时进行时，按定额人工费的 10% 计算。

⑦本册定额安装螺栓按照厂家配套供应考虑，定额中不包括螺栓费用。如果实际由安装单位采购配置安装螺栓时，根据实际安装的螺栓用量加 3% 损耗率计算螺栓数量及其费用。

3）第三册《静置设备与工艺金属结构制作安装工程》

①第三册《静置设备与工艺金属结构制作安装工程》（以下简称"本册定额"）适用于静置设备、金属储罐、气柜制作安装，球形罐组对安装，工艺金属结构制作安装等工程。

②脚手架搭拆费按定额人工费的 10% 计算，其中人工费占 35%。

③安装与生产同时进行增加的费用，按定额人工费的 10% 计算。

4）第四册《电气设备安装工程》

①第四册《电气设备安装工程》（以下简称"本册定额"）适用于工业与民用电压等级小于或等于 10 kV 变配电设备及线路安装、车间动力电气设备及电气照明器具、防雷及接地装置安装、配管配线、电气调整试验等安装工程。包括：变压器、配电装置、母线、控制设备及低压电器、蓄电池、电机检查接线及调试、电缆、防雷接地装置、10 kV 以下架空配电线路、配管、配线、照明器具、附属工程、起重设备电气装置等安装及电气调整试验内容。

②本册定额除各章另有说明外，均包括下列工程内容：施工准备、设备与器材及工器具的场内运输、开箱检查、安装、设备单体调整试验、收尾清理、配合质量检验、不同工种间交叉配合、临时移动水源与电源等工作内容。

③本册定额不包括下列内容：

A. 电压等级大于 10 kV 的配电、输电、用电设备及装置安装。工程应用时,应按电力行业相关定额子目执行。

B. 电气设备及装置配合机械设备进行单体试运和联合试运工作内容。发电、输电、配电、用电分系统调试、整套启动调试、特殊项目测试与性能验收试验应单独按本册定额第 P 章相应定额子目执行。

a. 单体调试是指设备或装置安装完成后未与系统连接时,根据设备安装施工交接验收规范,为确认其是否符合产品出厂标准和满足实际使用条件而进行的单机试运或单体调试工作。单体调试项目的界限是设备没有与系统连接,设备和系统断开时的单独调试。

b. 分系统调试是指工程的各系统在设备单机试运或单体调试合格后,为使系统达到整套启动所必须具备的条件而进行的调试工作,它是设备和系统连接在一起进行的调试。分系统调试项目的界限是设备与系统连接。

c. 整套启动调试是指工程各系统调试合格后,根据启动试运规程、规范,在工程投料试运前以及试运行期间,对工程整套工艺运行生产以及全部安装结果的验证、检验所进行的调试,它是系统与系统连接在一起进行的调试。整套启动调试项目的界限是工程各系统间的连接。

④下列费用可按系数分别计取：

a. 脚手架搭拆费(不包括第 P 章"电气调整试验"中的人工费,不包括装饰灯具安装工程中的人工费)按定额人工费的 5% 计算,其中人工费占 35% 。电压等级小于或等于 10 kV 架空配电线路工程、直埋敷设电缆工程、路灯工程不单独计算脚手架费用。

b. 操作高度增加费:安装高度距离楼面或地面大于 5 m 时,超过部分工程量按定额人工费乘以系数 1.1 计算(已经考虑了超高因素的定额项目除外,如小区路灯、投光灯、氙气灯、烟囱或水塔指示灯、装饰灯具、避雷针),电压等级小于或等于 10 kV 架空配电线路工程不执行本条规定。

c. 建筑物超高增加费:指在建筑物层数大于 6 层或建筑物高度大于 20 m 以上的工业与民用建筑物上进行安装时增加的费用,按表 2.4 计算。建筑物超高增加的费用中,人工费占 65% 。

表 2.4　超高增加系数表

建筑物檐高/m	≤40	≤60	≤80	≤100	≤120	≤140	≤160	≤180	≤200
建筑层数/层	≤12	≤18	≤24	≤30	≤36	≤42	≤48	≤54	≤60
按人工费的百分比/%	1.83	4.56	8.21	12.78	18.25	23.73	29.2	34.68	40.15

d. 在地下室内(含地下车库)、净高小于 1.6 m 楼层、断面小于 4 m² 且大于 2 m² 的洞内进行安装的工程,定额人工费乘以系数 1.08。

e. 在管井内、竖井内、断面小于或等于 2 m² 隧道或洞内、已封闭吊顶内进行安装的工程(竖井内敷设电缆项目除外),定额人工费乘以系数 1.15。

f. 安装与生产同时进行时增加的费用,按定额人工费的 10% 计算。

⑤本册定额中安装所用螺栓是按照厂家配套供应考虑的,定额中不包括安装所用螺栓的费用。如果工程实际由安装单位采购配置安装所用螺栓时,根据实际安装所用螺栓用量加

3%损耗率来计算螺栓费用。

现场加工制作的金属构件,定额中螺栓按照未计价材料考虑,其中包括安装用的螺栓。

5)第五册《建筑智能化安装工程》

①第五册《建筑智能化安装工程》(以下简称"本册定额")适用于智能大厦、智能小区项目中智能化系统安装调试工程。

②本册定额不包括下列内容:

a.电源线、控制电缆敷设、电缆托架铁架制作、电线槽安装、桥架安装、电线管敷设、电缆沟工程、电缆保护管敷设以及 UPS 电源及附属设施安装,执行第四册《电气设备安装工程》相关内容。

b.承包方为配合发包方或认证单位验收测试而发生的费用,承发包双方在合同协议中确定。

c.本册定额的设备安装工程按成套购置考虑,包括构件、标准件、附件和设备内部连线。

③下列费用可按系数分别计取:

a.操作高度增加费:安装高度距离楼面或地面 5 m 时,超出部分工程量按定额人工费乘以表 2.5 所列系数。

表 2.5　操作高度增加系数表

操作高度/m	≤10	≤30	≤50
超高系数	1.2	1.3	1.5

b.建筑物超高增加费按表 2.6 计算,其中人工费占 65%。

表 2.6　超高增加费系数表

建筑层数/层	≤12	≤18	≤24	≤30	≤36	≤42	≤48	≤55	≤60
按人工费的百分比/%	1.83	4.56	8.21	12.78	18.25	23.73	29.2	34.69	40.15

c.本册定额所涉及的系统试运行(除有特殊要求外)是按连续无故障运行 120 h 考虑的。

d.在地下室内(含地下车库)、暗室内、净高小于 1.6 m 楼层、断面小于 4 m² 且大于 2 m² 的隧道或洞内进行安装的工程,定额人工费乘以系数 1.10。

6)第六册《自动化控制仪表安装工程》

①第六册《自动化控制仪表安装工程》(以下简称"本册定额")适用于工业自动化仪表,不适用于建筑智能化。内容包括:过程检测仪表,显示及调节控制仪表,执行仪表,机械量仪表,过程分析和物性检测仪表,仪表回路模拟试验,安全监测及报警装置,工业计算机安装及调试,仪表管路敷设,仪表盘、箱、柜及附件安装,仪表附件安装等工程。

②本册定额不包括下列内容:

a.本册定额施工内容只限单体试车阶段,不包括单体试运转后,无负荷和负荷试车;不包括单体和局部试运转所需的水、电、蒸汽、气体、油(脂)、燃料等以及化学清洗、油清洗及蒸汽吹扫等。

b.电气配管、支架制作安装、接地系统,供电电源、UPS、仪表桥架、支架制作安装,按第四册《电气设备安装工程》相应定额子目执行。

c. 管道上安装流量计、调节阀、电磁阀、节流装置、取源部件、扩大管制作安装及在管道上开孔焊接部件，管道切断、法兰焊接、短管加拆等，按第八册《工业管道安装工程》相应定额子目执行。

d. 仪表设备与管路的保温保冷、防护层的安装及保温保冷层、防护层的防水、防腐工作，按第十一册《刷油、防腐蚀、绝热安装工程》相应定额子目执行。

e. 仪表部件和材料需要进行化学分析、光谱等分析和焊接需要透视及拍片的工作，均按第三册《静置设备与工艺金属结构制作安装工程》或第八册《工业管道安装工程》相应定额子目执行。

③下列费用可按系数分别计取：

A. 脚手架搭拆费按定额人工费的 5% ，其中人工费占 35% 。

B. 垂直运输：

a. 垂直运距规定为 ±20 m 以内。垂直运距超过 ±20 m，按此子目的安装人工、机械（不含校验仪器仪表）乘以系数 1.06。垂直运输的基准面，室内以室内地平面为基准，室外以现场地平面为基准。

b. 施工高度以平台、楼平面为基准，施工超高降效在 ±（3～6）m 以内已进入定额。超过部分（±6 m）工程量人工乘以系数 1.05。施工降效仅限于现场安装部分，控制室安装不计算。

c. 安装与生产同时进行增加的费用，按工程总人工费的 10% 计算。

④有关说明：定额中的校验材料费指仪表在校验中所发生的费用，包括零星消耗品、摊销材料费。摊销材料包括供水、供电、供气及管线、阀门、法兰、加工配件及一些附件。

7）第七册《通风空调安装工程》

①第七册《通风空调安装工程》（以下简称"本册定额"）适用于通风空调设备及部件制作安装、通风管道制作安装、通风管道部件制作安装工程。

②本册定额不包括下列内容：

A. 通风设备、除尘设备为专供通风工程配套的各种风机及除尘设备。其他工业用风机及除尘设备安装按第一册《机械设备安装工程》和第二册《热力设备安装工程》相应定额子目执行。

B. 空调系统中管道配管按第十册《给排水、采暖、燃气安装工程》相应定额子目执行，制冷机机房、锅炉房管道配管按第八册《工业管道安装工程》相应定额子目执行，以外墙皮进行划分，外墙皮以内执行第八册，外墙皮以外执行第十册。

C. 管道及支架的除锈、油漆，管道的防腐蚀、绝热等内容，应根据设计要求按第十一册《刷油、防腐蚀、绝热安装工程》相应定额子目执行。

a. 薄钢板风管刷油按其工程量执行相应项目，仅外（或内）面刷油定额乘以系数 1.20，内外均刷油定额乘以系数 1.10（其法兰加固框、吊托支架已包括在此系数内）。

b. 薄钢板部件刷油按其工程量执行金属结构刷油项目，定额乘以系数 1.15。

c. 未包括在风管工程量内而单独列项的各种支架（不锈钢吊托支架除外）的刷油工程按其工程量执行相应项目。

d. 薄钢板风管、部件以及单独列项的支架，其除锈不分锈蚀程度，均按其第一遍刷油的工程量，执行第十一册《刷油、防腐蚀、绝热安装工程》中除轻锈的项目。

D. 风管穿墙、穿楼板打洞、补洞,按相关专业相应定额子目执行。风管穿墙套管按实际套管安装尺寸,执行同规格风管制作、安装相应定额子目。

E. 在地下室(含地下车库)内、暗室内、净高小于 1.06 m 楼层、断面小于 4 m² 且大于 2 m² 的隧道或洞内进行安装的工程,定额人工费乘以系数 1.12。

F. 在风井内、竖井内、断面小于或等于 2 m² 隧道或洞内、封闭吊顶天棚内进行安装的工程,其定额人工费乘以系数 1.15。

G. 安装与生产同时进行增加的费用,按定额人工费的 10% 计算。

③下列费用可按系数分别计取:

a. 系统调整费:按系统工程定额人工费的 7% 计取,其中人工费占 35%,包括漏风量测试和漏光法测试费用。

b. 脚手架搭拆费按定额人工费的 4%,其中人工费占 35%。

c. 操作高度增加费:本册定额操作物高度是按距离楼地面 6 m 考虑的,超过 6 m 时,超高部分工程量按定额人工费乘以系数 1.2 计取。

d. 建筑物超高增加费:是指高度在 6 层或 20 m 以上的工业与民用建筑物上进行安装时增加的费用(不包括地下室),按表 2.7 计算,其中人工费占 65%。

表 2.7　建筑物超高增加系数表

建筑物檐高/m	≤40	≤60	≤80	≤100	≤120	≤140	≤160	≤180	≤200
建筑层数/层	≤12	≤18	≤24	≤30	≤36	≤42	≤48	≤54	≤60
按人工费的百分比/%	1.83	4.56	8.21	12.78	18.25	23.73	29.2	34.68	40.15

④定额中人工、材料、机械凡未按制作和安装分别列项的,其制作与安装的比例可按表 2.8 划分。

表 2.8　制作与安装的比例分配表

序号	项　目	制作占百分比/%			安装占百分比/%		
		人工	材料	机械	人工	材料	机械
1	空调部件及设备支架制作安装	86	98	95	14	2	5
2	镀锌薄钢板法兰通风管道制作安装	60	95	95	40	5	5
3	镀锌薄钢板共板法兰通风管道制作安装	40	95	95	60	5	5
4	薄钢板法兰通风管道制作安装	60	95	95	40	5	5
5	净化通风管道及部件制作安装	40	85	95	60	15	5
6	不锈钢板通风管道及部件制作安装	72	95	95	28	5	5
7	铝板通风管道及部件制作安装	68	95	95	32	5	5
8	塑料通风管道及部件制作安装	85	95	95	15	5	5
9	复合型风管制作安装	60	30	99	40	70	1
10	风帽制作安装	75	80	99	25	20	1
11	罩类制作安装	78	98	95	22	2	5

8)第八册《工业管道安装工程》

①第八册《工业管道安装工程》(以下简称"本册定额")适用于厂区范围内的车间、装置、站、罐区及其相互之间各种生产用介质输送管道,厂区第一个连接点以内的生产用(包括生产与生活共用)给水、排水、蒸汽、燃气等输送管道的安装工程。其中,给水以市政入口水表井为界,排水以厂区围墙外第一个污水井为界,蒸汽和燃气以入口第一个计量表(阀门)为界,锅炉房、水泵房以墙皮为界。

②本册定额管道及阀门压力等级的划分:

a. 低压 $0 < P \leq 1.6$ MPa;

b. 中压 1.6 MPa $< P \leq 10$ MPa;

c. 高压 10 MPa $< P \leq 42$ MPa;

d. 蒸汽管道 $P \geq 9$ MPa、工作温度 ≥ 500 ℃时为高压。

③本册定额不包括下列内容:

a. 单体试运转所需的水、电、蒸汽、气体、油(油脂)、燃气等。

b. 配合联动试车费。

c. 管道安装后的充氮、防冻保护。

④下列费用可按系数分别计取:

a. 整体封闭式(非盖板封闭)地沟的管道施工,其人工、机械乘以系数 1.2。

b. 超低碳不锈钢管按不锈钢管相应定额子目执行,其人工、机械乘以系数 1.15,焊材可以替换,消耗量不变。

c. 本定额各种材质管道施工使用特殊焊材时,焊材可以替换,消耗量不变。

d. 低压螺旋卷管(管件)电弧焊项目按中压相应定额子目乘以系数 0.8 执行。

e. 脚手架搭拆费按定额人工费的 10% 计算,其中人工费占 35%;单独承担的埋地管道工程,不计取脚手架搭拆费。

f. 操作高度增加费:以设计标高正负零平面为基准,安装高度超过 10 m 时,超过部分工程量按定额人工、机械乘以表 2.9 所列系数。

表 2.9　操作高度增加系数表

操作物高度(m 以内)	≤20	≤30	≤50	>50
系数	1.12	1.26	1.4	协商

g. 安装与生产同时进行增加的费用,按定额人工费的 10% 计算。

⑤有关说明:

a. 生产、生活共用的给水、排水、蒸汽、燃气等输送管道,按本册相应定额子目执行;生活用的各种管道,按第十册《给排水、采暖、燃气安装工程》相应定额子目执行。

b. 随设备供应预制成型的设备本体管道,其安装费包括在设备安装定额内;按材料或半成品供应的,按本册相应定额子目执行。

c. 预应力混凝土管道、管件安装,按《重庆市市政工程计价定额》(CQSZDE—2018)相应定额子目执行。

d. 单件重 100 kg 以上的管道支、吊架制作与安装,管道预制钢平台的搭拆,按第三册《静置设备与工艺金属结构制作安装工程》相应定额子目执行。

e.地下管道的管沟、土石方及砌筑工程,按《重庆市房屋建筑与装饰工程计价定额》(CQJZZSDE—2018)相应定额子目执行。

f.刷油、绝热、防腐蚀、衬里,按第十一册《刷油、防腐蚀、绝热安装工程》相应定额子目执行。

g.管道、管件安装按设计压力执行相应定额,阀门、法兰按设计公称压力执行相应定额。

9)第九册《消防安装工程》

①第九册《消防安装工程》(以下简称"本册定额")适用于一般工业与民用建筑项目中的消防工程。

②本册定额不包括下列内容:

a.阀门、消防水箱、套管,按第十册《给排水、采暖、燃气安装工程》相应定额子目执行。

b.各种消防泵、稳压泵安装,按第一册《机械设备安装工程》相应定额子目执行。

c.不锈钢管、铜管管道安装,按第八册《工业管道安装工程》相应定额子目执行。

d.刷油、防腐蚀、绝热工程,按第十一册《刷油、防腐蚀、绝热安装工程》相应定额子目执行。

e.电缆敷设、桥架安装、配管配线、接线盒、电动机检查接线、防雷接地装置安装,按第四册《电气设备安装工程》相应定额子目执行。

f.各种仪表的安装及带电讯号的阀门、水流指示器、压力开关、驱动装置及泄漏报警开关的接线、校线,按第六册《自动化控制仪表安装工程》相应定额子目执行。

g.本定额凡涉及管沟、基坑及井类的土方开挖、回填、运输、垫层、基础、砌筑、地沟盖板预制安装、路面开挖及修复、管道混凝土支墩的项目,按《重庆市房屋建筑与装饰工程计价定额》(CQJZZSDE—2018)相应定额子目执行。

③下列费用可按系数分别计取:

a.脚手架搭拆费按人工费的5%计算,其中人工费占35%。

b.操作高度增加费:本册定额操作高度均按5 m以下编制;安装高度超过5 m时,超过部分工程量按定额人工费乘以表2.10所列系数。

表2.10　操作高度增加系数表

标高(m以内)	10	30
超高系数	1.1	1.2

c.超高增加费:指高度在6层或20 m以上的工业与民用建筑物上进行安装时增加的费用,按表2.11计算,其中人工工资占65%。

表2.11　超高增加系数表

建筑物檐高(m以内)	40	60	80	100	120	140	160	180	200
建筑层数/层	≤12	≤18	≤24	≤30	≤36	≤42	≤48	≤54	≤60
按人工费的/%	1.83	4.56	8.21	12.78	18.25	23.73	29.2	34.68	40.15

d.在地下室内(含地下车库)、净高小于1.06 m楼层、断面小于4 m²且大于2 m²的隧道或洞内进行安装的工程,定额人工费乘以系数1.12。

e. 在管井内、竖井内、断面小于或等于 2 m² 隧道或洞内、封闭吊顶天棚内进行安装的工程,定额人工费乘以系数 1.15。

f. 安装与生产同时进行时,按照定额人工费的 10% 计算。

④界限划分:

a. 消防系统室内外管道以建筑物外墙皮 1.5 m 为界,入口处设阀门者以阀门为界。室外埋地管道安装,按第十册《给排水、采暖、燃气安装工程》中室外给水管道安装相应定额子目执行。

b. 厂区范围内的装置、站、罐区的架空消防管道,按本册定额相应定额子目执行。

c. 与市政给水管道的界限:以与市政给水管道碰头点(井)为界。

10)第十册《给排水、采暖、燃气安装工程》

①第十册《给排水、采暖、燃气安装工程》(以下简称"本册定额")适用于工业与民用建筑的生活用给排水、采暖、燃气管道系统中的管道、附件、配件、器具及附属设备等安装工程。

②本册定额不包括以下内容:

a. 工业管道,生产生活共用的管道,锅炉房、泵房、站类管道以及建筑物内加压泵间、空调制冷机房、消防泵房的管道,管道焊缝热处理、无损探伤,医疗气体管道及附件按第八册《工业管道安装工程》相应定额子目执行。

b. 本册定额未包括的采暖、给排水设备安装按第一册《机械设备安装工程》、第三册《静置设备与工艺金属结构制作安装工程》相应定额子目执行。

c. 水暖设备、器具等电气检查、接线工作按第四册《电气设备安装工程》相应定额子目执行。

d. 刷油、防腐蚀、绝热工程按第十一册《刷油、防腐蚀、绝热安装工程》相应定额子目执行。

e. 本册凡涉及管沟、工作坑及井类的土方开挖、回填、运输、垫层、基础、砌筑、地沟盖板预制安装、路面开挖及修复、管道混凝土支墩以及混凝土管道、水泥管道等项目,按《重庆市房屋建筑与装饰工程计价定额》(CQJZZSDE—2018)相应定额子目执行或按《重庆市市政工程计价定额》(CQSZDE—2018)相应定额子目执行。

③下列费用可按系数分别计取:

a. 脚手架搭拆费按定额人工费的 5% 计算,其中人工费占 35%。单独承担的室外埋地管道工程,如发生脚手架搭拆时按实收取该费用。

b. 操作高度增加费:定额中操作物高度以距楼地面 3.6 m 为限,超过 3.6 m 时,超过部分工程量按定额人工费乘以表 2.12 所列系数。

表 2.12 操作高度增加系数表

操作物高度(m 以内)	10	30	50
超高系数	1.1	1.2	1.5

c. 超高增加费,指高度在 6 层或 20 m 以上的工业与民用建筑物上进行安装时增加的费用,按表 2.13 计算,其中人工费占 65%。

d. 在地下室内(含地下车库)、净高小于 1.06 m 楼层、断面小于 4 m² 且大于 2 m² 的隧道或洞内进行安装的工程,定额人工费乘以系数 1.12。

e. 在管井内、竖井内、断面小于或等于 2 m² 隧道或洞内、封闭吊顶天棚内进行安装的工程,定额人工费乘以系数 1.15。

表 2.13　超高增加系数表

建筑物檐高/m	≤40	≤60	≤80	≤100	≤120	≤140	≤160	≤180	≤200
建筑层数/层	≤12	≤18	≤24	≤30	≤36	≤42	≤48	≤54	≤60
按人工费的百分比/%	1.83	4.56	8.21	12.78	18.25	23.73	29.20	34.68	40.15

f.空调水系统调整费按空调水系统工程人工费的 10% 计算,其中人工费占 35%。

g.安装与生产同时进行,按照定额人工费的 10% 计算。

④本册与市政管网工程的界线划分:

a.给水、采暖管道以与市政管道碰头点或以计量表、阀门(井)为界。

b.室外排水管道以与市政管道碰头井为界。

c.燃气管道以与市政管道碰头点为界。

⑤本册各定额项目中,均包括安装物的外观检查。

11)第十一册《刷油、防腐蚀、绝热安装工程》

①第十一册《刷油、防腐蚀、绝热安装工程》(以下简称"本册定额")适用于设备、管道、金属结构等的刷油、防腐蚀、绝热工程。

②下列费用可按系数分别计取:

a.脚手架搭拆费:刷油、防腐蚀工程按定额人工费的 7.00%,绝热工程按定额人工费的 100%,其中人工费占 35%。

b.操作高度增加费:本册定额以设计标高正负零为准,当安装高度超过 6 m 时,超过部分工程量按定额人工、机械费乘以表 2.14 所列的系数。

表 2.14　操作高度增加系数表

建筑物高度(m 以内)	≤30	≤50
系数	1.20	1.50

③金属结构:

a.大型型钢:H 型钢钢结构及任何一边大于 300 mm 以上型钢,均以"10 m²"计算。

b.管廊:除管廊上的平台、栏杆、梯子以及大型型钢以外的钢结构均为管廊,以"100 kg"计算。

c.一般钢结构:除大型型钢和管廊以外的其他钢结构,如平台、栏杆、梯子、管道支吊架及其他金属构件等,均以"100 kg"计算。

d.由钢管组成的金属结构执行管道相应子目,人工乘以系数 1.2。

2.6　安装工程定额的运用

本节以《重庆市通用安装工程计价定额》(CQAZDE—2018)为例介绍安装工程定额的应用,以下简称定额。

▶ **2.6.1 定额的组成**

1)文字说明部分

文字说明部分包含总说明、册说明、章说明、工程量计算规则、目录及附录。

①总说明:针对定额的一个总体情况说明,介绍安装工程定额的使用。

②册说明:定额一共分为 11 册,每一册的专业不同,针对每一册都有一个本册的使用说明。

③章说明:对每一册定额各章节的使用说明。

④工程量计算规则:对安装工程各专业分部工程的计算规定。

⑤目录。

⑥附录。

2)定额项目表(表 2.15)

定额项目表部分主要包括表头、工作内容、计量单位、定额编号、项目名称、综合单价、消耗量等,见表 2.15。

表 2.15　配线(编码:030411004)

L.4.1　管内穿线

L.4.1.1　照明线路单芯导线

工作内容:扫管、涂滑石粉、穿线、编号、焊接包头。　　　　　　　　　　　　　　　计量单位:100 m 单线

定额编号				CD1601	CD1602	CD1603	CD1604
项目名称				照明线路			
				导线截面积(mm² 以内)			
				铜芯 1.5	铜芯 2.5	铜芯 4	铜芯 6
费用		综合单价/元		109.85	110.70	79.91	82.70
	其中	人工费/元		64.75	65.25	47.13	48.63
		材料费/元		0.81	0.81	0.54	0.81
		施工机具使用费/元		—	—	—	—
		企业管理费/元		24.72	24.91	17.99	18.56
		利润/元		17.76	17.90	12.93	13.34
		一般风险费/元		1.81	1.83	1.32	1.36
	编码	名称	单位	单价/元	消耗量		
人工	000500040	电子综合工	工日	125.00	0.518	0.522	0.377	0.389
材料	280301700	绝缘电线	m	—	(116.000)	(116.000)	(110.000)	(110.000)
	144302440	电气绝缘胶带 18 mm× 10 m ×0.13 mm	卷	2.71	0.300	0.300	0.200	0.300

①表头。

②工作内容。

③计量单位。

④定额编号、例 CD1602。

⑤项目名称,项目特征。

⑥综合单价、人工费、材料费、机械费、企业管理费、利润、一般风险费。

⑦定额人工、材料、机械消耗量及对应的单价。

► ## 2.6.2 定额的直接套用

将图纸设计要求的施工内容、施工方法和材料与定额工作内容、施工方法、材料进行仔细核对,当图纸设计要求与定额工作内容完全一致时,可直接套用定额。

直接套用定额项目的步骤如下:

①从定额目录中查出某分部分项工程所在的定额编号。

②判断该分部分项工程内容与定额规定的工作内容是否一致,是否可直接套用定额基价。

③查出定额人工、材料、机械台班消耗量。

④计算分部分项工程的人工、材料、机械台班的消耗量。其中。

$$人工消耗量 = 图示工程量 \times 定额的综合人工消耗量 \qquad (2.26)$$
$$材料消耗量 = 图示工程量 \times 定额相应的材料消耗量 \qquad (2.27)$$
$$机械台班消耗量 = 图示工程量 \times 定额的相应机械台班消耗量 \qquad (2.28)$$

⑤计算人、材、机的费用、综合单价及合价。

【例2.2】 某建筑室内给排水安装工程,其工程量(定额项目)汇总见表2.16。

表2.16 工程量总表

编号	项目名称	单位	数量
1	镀锌管螺纹连接,室内给水 DN 20	m	500.000
2	螺纹截止阀 DN 20	个	5.000

已知:查询当地造价信息,镀锌管 DN20 的单价为 8 元/m,螺纹截止阀 DN20 的单价为 25 元/个。

问题:(1)计算各分项工程人工、主材消耗量。

(2)计算各分项工程的综合单价及合价。

解 镀锌管螺纹连接,室内给水 DN20。

(1)查《重庆市通用安装工程计价定额》(CQAZDE—2018)第十册《给排水、采暖、燃气安装工程》,确定定额编号为 CK0013,定额综合单价为 249.61 元/10 m ,见"A.1.2 室内镀锌钢管(螺纹连接)"。

(2)该分部分项工程内容与定额规定的工作内容一致,可直接套用。

(3)计算各分项工程人工、主材消耗量。

人工:$1.135 \times 500/10 = 56.750$(工日)

主材:镀锌钢管 DN20:$9.910 \times 500/10 = 495.500$(m)

(4)计算该项综合单价及合价。

综合单价:$249.61 + 9.910 \times 25 = 497.36$(元/10 m)

合价:$497.36 \times 500/10 = 24\ 868.00$(元)

(或)$249.61 \times 500/10 + 495.500 \times 25 = 24\ 868.00$(元)

A.1.2 室内镀锌钢管(螺纹连接)

工作内容:调直、切管、套丝、组对、连接、管道及管件安装、水压试验水冲洗　　　　　　　　计量单位:10 m

定额编号				CK0012	CK0013	CK0014	CK0015	CK0016	CK0017
项目名称				室内镀锌钢管(螺纹连接)					
				公称直径					
				≤15 mm	≤20 mm	≤25 mm	≤32 mm	≤40 mm	≤50 mm
费用	综合单价/元			234.94	249.61	301.99	328.30	335.58	362.93
	其中	人工费/元		135.63	141.88	170.63	184.50	188.38	202.25
		材料费/元		21.03	25.70	30.31	33.16	33.40	36.90
		施工机具使用费/元		2.40	2.66	5.60	7.43	8.42	10.65
		企业管理费/元		39.96	41.80	50.27	54.35	55.50	59.58
		利润/元		32.12	33.60	40.40	43.69	44.61	47.89
		一般风险费/元		3.80	3.97	4.78	5.17	5.27	5.66
	编码	名称	单位	单价/元	消耗量				
人工	000300150	管工综合工	工日	125.00	1.085	1.135	1.365	1.476	1.507	1.618
材料	170300010	镀锌钢管	m	—	(9.910)	(9.910)	(9.910)	(9.910)	(9.920)	(9.920)
	180312850	镀锌钢管管件 室内DN15	个	0.68	14.490	—	—	—	—	—
	180312900	镀锌钢管管件 室内DN20	个	1.03	—	12.100	—	—	—	—
	180312950	镀锌钢管管件 室内DN25	个	1.28	—	—	11.400	—	—	—
	180313000	镀锌钢管管件 室内DN32	个	1.71	—	—	—	9.830	—	—
	180313050	镀锌钢管管件 室内DN40	个	2.14	—	—	—	—	7.860	—
	180313100	镀锌钢管管件 室内DN50	个	2.99	—	—	—	—	—	6.610
	021300750	聚四氟乙烯生料带90	m	0.98	10.980	13.040	15.500	16.020	16.190	16.580
	012901660	热轧厚钢板8~15	kg	3.08	0.030	0.032	0.034	0.037	0.039	0.042
	143900700	氧气	m³	3.26	0.003	0.003	0.003	0.006	0.006	0.006
	143901000	乙炔气	kg	12.01	0.001	0.001	0.001	0.002	0.002	0.002
	031350210	低碳钢焊条 J422 φ3.2	kg	4.19	0.002	0.002	0.002	0.002	0.002	0.002
	341100100	水	m³	4.42	0.008	0.014	0.023	0.040	0.053	0.088
	020100160	橡胶板1~3	kg	5.81	0.007	0.008	0.008	0.009	0.010	0.010
	030124911	精制六角螺栓	kg	6.79	0.004	0.004	0.004	0.005	0.005	0.005
	190101800	螺纹截止阀 J11T-16 DN20	个	21.17	0.004	0.004	0.004	0.005	0.005	0.005
	170100530	焊接钢管 DN20	m	2.85	0.013	0.014	0.015	0.016	0.016	0.017

续表

人工	000300150	管工综合工	工日	125.00	1.085	1.135	1.365	1.476	1.507	1.618
材料	241100100	弹簧压力表 Y-100 0~1.6 MPa	块	21.37	0.002	0.002	0.002	0.002	0.002	0.002
	172701630	橡胶软管 DN20	m	2.13	0.006	0.006	0.007	0.007	0.007	0.008
	245900100	压力表弯管 DN15	个	5.30	0.002	0.002	0.002	0.002	0.002	0.003
机械	990401020	载重汽车 5 t	台班	404.73	—	—	—	—	—	0.003
	990748010	管子切断套丝机 管径 159 mm	台班	21.58	0.067	0.079	0.196	0.261	0.284	0.293
	990321010	吊装机械综合	台班	413.76	0.002	0.002	0.003	0.004	0.005	0.007
	990929010	电焊机(综合)	台班	75.60	0.001	0.001	0.001	0.001	0.002	0.002
	990813010	试压泵 压力 3 MPa	台班	17.75	0.001	0.001	0.001	0.001	0.002	0.002
	990801020	电动单级离心清水泵 出口直径 100 mm	台班	33.93	0.001	0.001	0.001	0.001	0.001	0.001

【练习】 请根据【例2.2】给出的条件,计算螺纹截止阀 DN20 的人工、主材消耗量以及该分部分项工程的综合单价和合价。

▶ 2.6.3 定额的换算

将图纸设计要求的施工内容、施工方法和材料与定额工作内容、施工方法、材料进行仔细核对,当图纸设计要求与定额工作内容不完全一致时,可以进行定额的换算。

1)换算依据

①定额说明及定额综合解释;

②造价文件;

③合同;

④工程洽商。

2)换算方法

(1)系数调整法

系数调整法是一种比例系数确定不变的比例换算法,它是按定额规定的增减系数调整定额基价、人工、材料或机械费。即在原定额含量或综合单价的基础上乘以一个规定系数,一般用于成比例增减的项目。

①当系数用于一个子目的全部定额含量与基价时,调整后的定额含量与综合单价可用下式计算:

$$调整后定额含量(综合单价) = 原定额含量(综合单价) \times 调整系数 \qquad (2.29)$$

【例2.3】 某公司将对已安装的 10 台干式电力变压器(800 kV·A)进行调试。问题如下:

(1)计算各分项工程人工、主材消耗量。

(2)计算该分项工程的综合单价及合价。

解 10 台干式电力变压器(800 kV·A)调试(单位:系统)。

P.1 分系统调试

P.1.1 电力变压器系统调试(编码:030414001)

P.1.1.1 10 kV以下电力变压器系统调试

工作内容:变压器、断路器、互感器、隔离开关、风冷及油循环冷却系统电气装置、
常规保护装置等一、二次回路的调试及空投试验。

计量单位:系统

定额编号				CD2228	CD2229	CD2230	CD2231	CD2232	CD2233
项目名称				10 kV以下电力变压器系统调试(容量kV·A以下)					
				800	2 000	4 000	8 000	20 000	40 000
费用	其中	综合单价/元		1 792.84	4 649.89	5 076.29	5 975.55	7 207.63	9 417.67
		人工费/元		792.88	2 005.63	2 145.50	2 448.75	2 938.38	4 011.13
		材料费/元		10.48	13.70	18.63	27.51	31.44	41.91
		施工机具使用费/元		447.15	1 258.71	1 444.64	1 824.34	2 227.96	2 621.02
		企业管理费/元		302.64	765.55	818.94	934.69	1 121.58	1 531.05
		利润/元		217.49	550.14	588.51	671.69	806.00	1 100.25
		一般风险费/元		22.20	56.16	60.07	68.57	82.27	112.31
	编码	名称	单位	单价/元	消耗量				
人工	000500040	电工综合工	工日	125.00	6.343	16.045	17.164	19.590	23.507	32.089
材料	144302640	自粘性橡胶带 25 mm×20 m	卷	13.25	0.670	0.875	1.189	1.758	2.009	2.678
	280307400	铜芯橡皮绝缘线 BX-2.5 mm²	m	1.20	1.339	1.758	2.394	3.515	4.018	5.357
机械	870613023	手持式万用表	台班	4.06	0.820	1.914	2.187	2.734	3.281	3.827
	870622018	数字电桥	台班	58.97	0.547	1.640	2.734	3.827	4.921	6.014
	870622064	高压绝缘电阻测试仪	台班	36.74	0.547	1.093	1.640	2.187	2.734	3.281
	870622068	交/直流低电阻测试仪	台班	7.34	0.820	1.640	2.734	3.281	3.827	4.374
	870699051	全自动变比组别测试仪	台班	16.76	0.820	1.640	2.187	2.734	3.281	3.827
	870699068	相位表	台班	9.27	0.766	1.533	2.215	2.555	3.066	3.577
	870699168	变压器特性综合测试台	台班	109.74	0.547	1.093	1.640	2.187	2.734	3.281
	873136001	数字频率计	台班	18.55	0.820	1.640	1.640	1.640	2.187	2.187
	873136018	计时/计频器/校准器	台班	155.86	0.820	2.734	2.187	2.734	3.281	3.827
	873148008	数字示波器	台班	71.02	0.766	1.533	2.215	2.555	3.066	3.577
	873174009	微机继电保护测试仪	台班	195.91	0.547	1.914	2.187	2.734	3.281	3.827

（1）查《重庆市通用安装工程计价定额》（CQAZDE—2018）第四册《电气设备安装工程》，确定定额编号为 CD2228，定额综合单价为 1 792.84 元/系统。

（2）该分部分项工程内容与定额规定的工作内容不完全一致，查本章说明的第二点第 10条：干式变压器调试，按照同容量的电力变压器调试定额乘以系数 0.8。

（3）计算各分项工程人工、主材消耗量。

人工：$6.343 \times 10 = 63.320$（工日）

主材：无

（4）计算该分项工程综合单价及合价。

综合单价：$1 792.84 \times 0.8 = 1 434.27$（元/系统）

合价：$1 434.27 \times 10 = 14 312.70$（元）

②当系数仅用于子目中的部分定额含量时，调整后的定额含量与综合单价应按下式计算：

$$调整增减部分定额含量 = 原部分定额含量 \times 调整系数 \qquad (2.30)$$

$$调整后的定额综合单价 = 原定额综合单价 + [部分定额含量的原费用 \times (调整系数 - 1)] \qquad (2.31)$$

【例2.4】 某建筑室内给排水安装工程，其工程量汇总见表 2.17。

表 2.17　工程量清单汇总表

编号	项目名称及特征	单位	数量
1	螺纹阀门安装，DN40，管井内安装	个	80.000

已知螺纹截止阀 DN40 的单价为 40.00 元/个。

问题：（1）计算各分项工程人工、主材消耗量。

　　　（2）计算该分项工程的综合单价及合价。

C.1　螺纹阀门（编码：031003001）

C.1.1　螺纹阀

工作内容：切管、套丝、阀门连接、水压试验。　　　　　　　　　　　　　　　　　　计量单位：个

定额编号			CK0911	CK0912	CK0913	CK0914	CK0915	CK0916
项目名称			螺纹阀					
			公称直径					
			≤15 mm	≤20 mm	≤25 mm	≤32 mm	≤40 mm	≤50 mm
费用	综合单价/元		16.61	20.20	23.40	29.90	43.43	53.92
	其中	人工费/元	7.38	8.13	9.00	11.38	18.00	22.00
		材料费/元	4.33	6.65	8.24	10.69	13.64	17.22
		施工机具使用费/元	0.77	0.88	1.13	1.47	1.73	2.39
		企业管理费/元	2.17	2.39	2.65	3.35	5.30	6.48
		利润/元	1.75	1.92	2.13	2.69	4.26	5.21
		一般风险费/元	0.21	0.23	0.25	0.32	0.50	0.62

续表

	编码	名称	单位	单价/元	消耗量					
人工	000300150	管工综合工	工日	125.00	0.059	0.065	0.072	0.091	0.144	0.176
材料	190000010	螺纹阀门	个	—	(1.010)	(1.010)	(1.010)	(1.010)	(1.010)	(1.010)
	180107550	黑玛钢活接头 DN15	个	1.54	1.010	—	—	—	—	—
	180107600	黑玛钢活接头 DN20	个	2.56	—	1.010	—	—	—	—
	180107650	黑玛钢活接头 DN25	个	2.74	—	—	1.010	—	—	—
	180107700	黑玛钢活接头 DN32	个	3.42	—	—	—	1.010	—	—
	180107750	黑玛钢活接头 DN40	个	4.27	—	—	—	—	1.010	—
	180107800	黑玛钢活接头 DN50	个	5.13	—	—	—	—	—	1.010
	181509010	黑玛钢六角外丝 DN15	个	1.71	0.808	—	—	—	—	—
	180107050	黑玛钢六角内接头 DN20	个	2.98	—	0.808	—	—	—	—
	180107150	黑玛钢六角内接头 DN32	个	4.41	—	—	0.808	—	—	—
	180107200	黑玛钢六角内接头 DN40	个	5.84	—	—	—	0.808	—	—
	180107250	黑玛钢六角内接头 DN50	个	7.69	—	—	—	—	0.808	—
	180107347	黑玛钢六角内接头 DN65	个	8.55	—	—	—	—	—	0.808
	020101550	石棉橡胶板 低压 0.8~6	kg	13.25	0.002	0.003	0.004	0.006	0.008	0.010
	021300740	聚四氟乙烯生料带 20	m	0.29	1.130	1.507	1.884	2.412	3.014	3.768
	031311010	尼龙砂轮片 φ400	片	8.72	0.004	0.004	0.008	0.012	0.015	0.021
	341100100	水	m³	4.42	0.001	0.001	0.001	0.001	0.001	0.001
	143900700	氧气	m³	3.26	0.033	0.042	0.048	0.060	0.084	0.099
	143901000	乙炔气	kg	12.01	0.011	0.014	0.016	0.020	0.028	0.033
	031350210	低碳钢焊条 J422 φ3.2	kg	4.19	0.041	0.050	0.059	0.065	0.089	0.122

续表

	编码	名称	单位	单价(元)	消耗量					
材料	012901690	热轧厚钢板 12~20	kg	3.08	0.021	0.026	0.031	0.043	0.065	0.105
	170700800	热轧无缝钢管 D22×2	m	4.63	0.003	0.003	0.003	0.003	0.003	0.008
	171901100	输水软管 φ25	m	5.13	0.006	0.006	0.006	0.006	0.006	0.016
	190101790	螺纹截止阀 J11T-16 DN15	个	16.23	0.006	0.006	0.006	0.006	0.006	0.016
	030124911	精致六角螺栓	kg	6.79	0.033	0.036	0.036	0.072	0.075	0.200
	245900100	压力表弯管 DN15	个	5.30	0.006	0.006	0.006	0.006	0.006	0.016
	241100100	弹簧压力表 Y-1000 0~1.6 MPa	块	21.37	0.006	0.006	0.006	0.006	0.006	0.016
机械	990748010	管子切断套丝机 管径 159 mm	台班	21.58	0.006	0.008	0.016	0.021	0.026	0.038
	990929010	电焊机(综合)	台班	75.60	0.007	0.008	0.009	0.012	0.014	0.017
	990813010	试压泵 压力 3 MPa	台班	17.75	0.006	0.006	0.006	0.006	0.006	0.016

解 (1)查《重庆市通用安装工程计价定额》(CQAZDE—2018)第十册《给排水、采暖、燃气安装工程》,确定定额编号为 CK0915,定额综合单价为 43.43 元/个。

(2)该分部分项工程内容与定额规定的工作内容不完全一致,查本册定额说明的第三点第 5 条:在管井内、竖井内、断面小于或等于 2 m² 隧道或洞内、封闭吊顶天棚内进行安装的工程,定额人工费乘以系数 1.15。

(3)计算各分项工程人工、主材消耗量。

人工:0.144×80×1.15 = 13.248(工日)

主材(螺纹阀门 DN40):1.010×80 = 80.800(个)

(4)计算该分项工程的综合单价及合价

综合单价:43.43 + 18.00×(1.15 - 1) + 1.01×40.00 = 86.53(元/个)

合价:86.53×80.000 = 6 922.40(元)

(2)数量增减法

数量增减法即在原定额含量的基础上增加或减少一个数量。调整后的定额基价可按下式计算:

$$调整后定额综合单价 = 原定额综合单价 + (调整部分增减量×相应单价) \quad (2.32)$$

(3)价差换算法

价差换算法是指设计采用的材料(设备)等,其品种、规格、材质与定额不同,按定额规定需做的单价换算,换算后出现的价格差称为定额价差。调整后的定额基价可按下式计算:

$$换算后定额基价 = 原定额基价 + (调入材质单价 - 定额材质单价)×定额含量 \quad (2.33)$$

①综合调差法:由各省市造价站统一测定一个综合调差系数来进行调差。

$$某项费用价差 = 该项费用 \times (综合调差系数 - 1)$$

②单项调差法:按照实际单价(结算单价)和预算单价之差来进行调整。

$$某项费用价差 = 该项费用消耗量 \times (结算单价 - 预算单价) \qquad (2.34)$$

【例2.5】 某安装工程执行《重庆市通用安装工程计价定额》(CQAZDE—2018),单位工程定额人工费合计为280 000元。该安装工程的预算单价为125元/工日,结算单价为145元/工日。则安装人工价差为多少?

解 安装人工价差 $= \left(\dfrac{280\ 000}{125}\right) \times (145 - 125) = 44\ 800.00(元)$

值得注意的是,定额换算后,要在定额编号后面加一个"换"字,说明该项定额子目是经过换算的。

▶ **2.6.4 系数费用计算**

在安装工程计价定额中,有一部分费用没有按照定额子目列出,而是在定额册说明中以系数形式作出规定,称为系数费用。如脚手架搭拆费、操作高度增加费、建筑物超高增加费等。

(1)脚手架搭拆费

脚手架搭拆费的定义及计算方式详见2.5.3小节,计算式归纳如下:

$$脚手架搭拆费 = 定额人工费 \times 脚手架搭拆费系数 \qquad (2.35)$$

【例2.6】 某办公楼电气设备安装工程共11层,其中地上9层,地下车库2层,室内外高差0.45 m,建筑檐口标高46.75 m,单位工程直接工程费中的人工费合计175 000.00元,试计算该电气设备安装工程脚手架搭拆费。

解 查询《重庆市通用安装工程计价定额》(CQAZDE—2018)第四册的说明,得知脚手架搭拆费费率为5%。

$$脚手架搭拆费 = 175\ 000.00 \times 5\% = 8\ 750.00(元)$$

其中

$$人工费 = 8\ 750.00 \times 35\% = 3\ 062.50(元)$$

(2)建筑物超高增加费

建筑物超高增加费的定义及计算方式详见2.5.3小节,计算式归纳如下:

$$脚手架搭拆费 = 定额人工费 \times 脚手架搭拆费系数 \qquad (2.36)$$
$$建筑物超高增加费 = 定额人工费 \times 建筑物超高增加费系数$$

【例2.7】 某办公楼电气设备安装工程共11层,其中地上9层,地下车库2层,室内外高差0.45 m,建筑檐口标高46.75 m,单位工程直接工程费中的人工费合计175 000.00元,请计算该电气设备安装工程超高增加费。

解 查询《重庆市通用安装工程计价定额》(CQAZDE—2018)第四册的说明,得知建筑物超高增加费费率为4.56%。

$$建筑物超高增加费 = 175\ 000.00 \times 4.56\% = 7\ 980.00(元)$$

其中

$$人工费 = 7\ 980.00 \times 65\% = 5\ 187.00(元)$$

3

给排水、燃气工程

给水排水工程一般是指城市用水供给系统、排水系统（市政给排水和建筑给排水），简称给排水。给水排水工程研究的是水的社会循环问题。"给水"是一座现代化的自来水厂，每天从江河湖泊中抽取自然水后，利用一系列物理和化学手段将水净化为符合生产、生活用水标准的自来水，然后通过四通八达的城市水网，将自来水输送到千家万户。"排水"是一座先进的污水处理厂，将生产、生活中使用过的污水、废水集中处理，再将处理过的水排放到江河湖泊中。这一取水、处理、输送、再处理、然后排放的过程就是给水排水工程要研究的主要内容。本章主要介绍给排水工程量的计算及预算单价计取，并简要介绍燃气安装工程。

3.1 给排水、燃气管道工程

▶ 3.1.1 给排水、燃气管道工程常用图例符号

给排水、燃气管道工程由于符号繁多，新旧符号穿插使用，不同设计单位、生产厂家在符号的使用上也有不同，本书列举出一些常用的、行业较为认可的图例符号以供参考。常用图例符号见表3.1。

表 3.1　给排水施工图常用图例

图例	名称	图例	名称
或 ——— J ———	给水管	或 ------ P ------	排水管
------ W ------	污水管	------ Y ------	雨水管
——— R ———	热水管	——— X ———	消防给水管
JL-n	生活给水立管	PL-n	排水立管
Ø　Y	地漏	———┼┼	延时自闭阀
蝶阀	蝶阀	┌┘ 或 ┌┤	检查口
----------○	检查井	压力表	压力表

▶ 3.1.2　给排水、燃气管道清单计算规则及相关说明

给排水、采暖、燃气管道工程量清单项目设置、项目特征描述的内容、计量单位及工程量计算规则,应按表 3.2 的规定执行。

表 3.2　给排水、采暖、燃气管道(编码:031001)

项目编码	项目名称	项目特征	计量单位	工程量计算规则	工作内容
031001001	镀锌钢管	1. 安装部位 2. 介质 3. 规格、压力等级 4. 连接形式 5. 压力试验及吹、洗设计要求 6. 警示带形式	m	按设计图示管道中心线以长度计算	1. 管道安装 2. 管件制作、安装 3. 压力试验 4. 吹扫、冲洗 5. 警示带铺设
031001002	钢管				
031001003	不锈钢管				
031001004	铜管				
031001005	铸铁管	1. 安装部位 2. 介质 3. 材质、规格 4. 连接形式 5. 接口材料 6. 压力试验及吹、洗设计要求 7. 警示带形式			1. 管道安装 2. 管件安装 3. 压力试验 4. 吹扫、冲洗 5. 警示带铺设

续表

项目编码	项目名称	项目特征	计量单位	工程量计算规则	工作内容
031001006	塑料管	1. 安装部位 2. 介质 3. 材质、规格 4. 连接形式 5. 阻火圈设计要求 6. 压力试验及吹、洗设计要求 7. 警示带形式	m	按设计图示管道中心线以长度计算	1. 管道安装 2. 管件安装 3. 塑料卡固定 4. 阻火圈安装 5. 压力试验 6. 吹扫、冲洗 7. 警示带铺设
031001007	复合管	1. 安装部位 2. 介质 3. 材质、规格 4. 连接形式 5. 压力试验及吹、洗设计要求 6. 警示带形式			1. 管道安装 2. 管件安装 3. 塑料卡固定 4. 压力试验 5. 吹扫、冲洗 6. 警示带铺设
031001008	直埋式预制保温管	1. 埋设深度 2. 介质 3. 管道材质、规格 4. 连接形式 5. 接口保温材料 6. 压力试验及吹、洗设计要求 7. 警示带形式			1. 管道安装 2. 管件安装 3. 接口保温 4. 压力试验 5. 吹扫、冲洗 6. 警示带铺设
031001009	承插陶瓷缸瓦管	1. 埋设深度 2. 规格 3. 接口方式及材料 4. 压力试验及吹、洗设计要求 5. 警示带形式			1. 管道安装 2. 管件安装 3. 压力试验 4. 吹扫、冲洗 5. 警示带铺设
031001010	承插水泥管				
031001011	室外管道碰头	1. 介质 2. 碰头形式 3. 材质、规格 4. 连接形式 5. 防腐、绝热设计要求	处	按设计图示以处计算	1. 挖填工作坑或暖气沟拆除及修复 2. 碰头 3. 接口处防腐 4. 接口处绝热及保护层

注:①安装部位,指管道安装在室内、室外。

②输送介质包括给水、排水、中水、雨水、热媒体、燃气、空调水等。

③方形补偿器制作安装应含在管道安装综合单价中。

④铸铁管安装适用于承插铸铁管、球墨铸铁管、柔性抗震铸铁管等。

⑤塑料管安装适用于 UPVC,PVC,PP-R 管等塑料管材。

⑥复合管安装适用于钢塑复合管、铝塑复合管、钢骨架复合管等复合型管道安装。

⑦直埋保温管包括直埋保温管件安装及接口保温。

⑧排水管道安装包括立管检查口、透气帽。

⑨室外管道碰头:

a.适用于新建或扩建工程热源、水源、气源管道与原(旧)有管道碰头;

b.室外管道碰头包括挖工作坑、土方回填或暖气沟局部拆除及修复;

c.带介质管道碰头包括开关闸、临时放水管线铺设等费用;

d.热源管道碰头每处包括供、回水两个接口;

e.碰头形式指带介质碰头、不带介质碰头。

⑩管道工程量计算不扣除阀门、管件(包括减压器、疏水器、水表、伸缩器等组成安装)及附属构筑物所占的长度;方形补偿器以其所占长度列入管道安装工程量。

⑪压力试验按设计要求描述试验方法,如水压试验、气压试验、泄漏性试验、闭水试验、通球试验、真空试验等。

⑫吹、洗按设计要求描述吹扫、冲洗方法,如水冲洗、消毒冲洗、空气吹扫等。

▶ 3.1.3 给排水、燃气管道定额计算规则及相关说明

1)计算规则

①各类管道安装区分室内外、材质、连接形式、规格,按设计图示管道中心线长度计算,不扣除阀门、管件、附件(包括器具组成)及附属构筑物所占长度。

②室内给排水管道与卫生器具连接的计算分界:

a.给水管道工程量计算至卫生器具(含附件)前与管道系统连接的第一个连接件(角阀、三通、弯头、管箍等)止。

b.排水管道工程量自卫生器具出口处的地面或墙面算起;与地漏连接的排水管道自地面算起,不扣除地漏所占长度。

2)定额说明

(1)"给排水、燃气、采暖管道"章节适用于室内外生活用给水、排水、燃气、空调水等管道的安装,包括镀锌钢管、钢管、不锈钢管、铜管、铸铁管、塑料管、复合管等不同材质的管道安装及室外管道碰头等项目。

(2)管道的界限划分

a.室内外给水管道以建筑物外墙皮 1.5 m 为界,建筑物入口处设阀门者以阀门为界。

b.室内外排水管道以出户第一个排水检查井为界。

c.给水管道与工业管道界线以与工业管道碰头点为界。

d.设在建筑物内的水泵房(间)管道以泵房(间)外墙皮为界。

e.室内外燃气管道:地下引入室内的管道以室内第一个阀门为界;地上引入室内的管道以墙外三通为界。

f.室内外空调水管道:室内外管道以建筑物外墙皮 1.5 m 为界,建筑物入口处设阀门者以

阀门为界。设在建筑物内的空调机房管道以机房外墙皮为界。

（3）管道的适用范围

①给水管道适用于生活饮用水、热水、中水及压力排水等管道的安装。

②塑料管安装适用于 UPVC，PVC，PP-C，PP-R，PE，PB 等塑料管道的安装。

③镀锌钢管（螺纹连接）项目适用于室内外焊接钢管的螺纹连接。

④钢塑复合管安装适用于内涂塑、内外涂塑、内衬塑、外覆塑内衬塑复合管道的安装。

⑤钢管沟槽连接适用于镀锌钢管、焊接钢管及无缝钢管等沟槽连接的管道安装。不锈钢管、铜管、复合管的沟槽连接，可参照执行。

⑥燃气管道安装项目适用于工作压力小于或等于 0.4 MPa（中压 A）的燃气管道系统。

⑦空调冷热水镀锌钢管（沟槽连接）安装项目适用于空调冷热水系统中采用沟槽连接的 DN150 以下焊接钢管的安装。

（4）有关说明

①管道安装项目中，给水管道、空调冷热水管道均包括相应管件安装、水压试验及水冲洗工作内容。燃气管道均包括管道及管件安装、强度试验、严密性试验、空气吹扫等内容。排（雨）水管道包括管道及管件安装、灌水（闭水）及通球试验工作内容；定额中铜管、塑料管、复合管（除钢塑复合管外）按公称外径表示，其他管道均按公称直径表示。

②定额中各种管件数量系综合取定，执行定额时，成品管件材料数量可参照第十册《给排水、采暖、燃气安装工程》附录"管道管件数量取定表"或依据设计文件及施工方案计算，定额中其他消耗量均不作调整。

③第十册定额管件中不含与螺纹阀门配套的活接、对丝，其用量含在螺纹阀门安装项目中。

④管道安装项目中，除室内直埋塑料给水管项目已包括管卡安装外，均不包括管道支架、管卡、托钩等制作安装以及管道穿墙、楼板套管制作安装、预留孔洞、堵洞、打洞、凿槽等工作内容，发生时，应按第九册《消防安装工程》相应定额子目执行。

⑤钢管焊接安装项目中均综合考虑了成品管件和现场煨制弯管、摔制大小头、挖眼三通。

⑥室内柔性铸铁排水管（机械接口）按带法兰承口的承插式管材考虑。

⑦雨水管道系统中的雨水斗及雨水口安装按第十册《给排水、采暖、燃气安装工程》第四章相应定额子目执行。

⑧室内直埋塑料管道是指敷设于室内地坪下或墙内的塑料给水管道，包括充压隐蔽、水压试验、水冲洗以及地面画线标示等工作内容。

⑨塑料管热熔连接公称外径 DN25 及以上管径按热熔对接连接考虑。

⑩管道的消毒冲洗按第十册《给排水、采暖、燃气安装工程》"支架及其他"相应定额子目执行；排水管道不包括止水环、透气帽本体材料，发生时按实际数量另计材料费。

⑪燃气管道已验收合格未及时投入使用的，使用前需再做强度试验、严密性试验、空气吹扫等项目，按第八册《工业管道安装工程》相应定额子目执行。

⑫燃气检漏管安装按第十册《给排水、采暖、燃气安装工程》"给排水、燃气、采暖管道"相应定额子目执行。

⑬室内空调机房与空调冷却塔之间的冷却水管道按第十册《给排水、采暖、燃气安装工程》"给排水、燃气、采暖管道"相应定额子目执行。

⑭空调凝结水管道安装项目是按集中空调系统编制的,户用单体空调设备的凝结水管道执行室内承插塑料空调排水管(零件粘接)定额项目。

⑮室内空调水管道在过路口或跨绕梁、柱等障碍时,如发生类似于方形补偿器的管道安装形式,按第十册《给排水、采暖、燃气安装工程》"管道附件"相应定额子目执行。

⑯给水室外管道碰头项目适用于新建管道与已有水源管道的碰头连接,如已有水源管道已做预留接口,则不执行相应定额子目。

⑰燃气室外管道碰头项目适用于新建管道与已有气源管道的碰头连接,如已有气源管道已做预留接口,则不执行相应定额子目;与已有管道碰头项目中,不包含氮气置换、连接后的单独试压以及带气施工措施费,应根据施工方案另行计算。

⑱成品防腐管道需做电火花检测的,可另行计算。

⑲安装带保温层的管道时,可执行相应材质及连接形式的管道安装项目,其人工乘以系数1.1;管道接头保温按第十一册《刷油、防腐蚀、绝热安装工程》相应定额子目执行,其人工、机械乘以系数2.0。

3.2 管道支架及其他工程

▶ 3.2.1 管道支架及其他工程常用图例符号

1)管道支架

管道支架是指用于地上架空敷设管道支承的一种结构件。管道支架分为固定支架、滑动支架、导向支架、滚动支架等。管道支架在任何有管道敷设的地方都会用到,又被称为管道支座、管部等。管道支架通常不在图纸中画出,在计量过程中,通常需要依据现行的验收规范、具体的施工方案或计算经验等计量。表3.3列举了一些常用的支架图例以及常见的型号比重。

表3.3 支架常用图例及比重

图例	名称	常见型号			
		型号1	比重/($kg \cdot m^{-1}$)	型号2	比重/($kg \cdot m^{-1}$)
∠	角钢	∠25×3	1.124	∠40×4	2.242
—	扁钢	—25×3	0.589	—40×4	1.256
∟	槽钢	10#	10	5#	5.438

2)套管

套管是指管道穿过墙体或楼板时,用来保护管道、方便管道安装以及防止渗漏等的预埋件。通常分为一般套管和防水套管。防水套管分为刚性防水套管和柔性防水套管。不同种类的套管所使用的地方不一样,刚性防水套管一般用在地下室外墙需穿导管的位置,柔性防水套管主要用在人防墙、水池等要求很高的地方,其余情况可使用一般套管。常用套管图例见表3.4。

表3.4 常用套管图例

图例	名称	图例	名称
‖	一般钢套管	⊣⊢	刚性防水套管
▯	一般塑料套管	〕〔	柔性防水套管

▶ **3.2.2 管道支架及其他工程清单计算规则与相关说明**

管道支架及其他工程量清单项目设置、项目特征描述的内容、计量单位及工程量计算规则,应按表3.5的规定执行。

表3.5 支架及其他(编码:031003)

项目编码	项目名称	项目特征	计量单位	工程量计算规则	工作内容
031002001	管道支架	1.材质 2.管架形式	1.kg 2.套	1.以千克计量,按设计图示质量计算 2.以套计量,按设计图示数量计算	1.制作 2.安装
031002002	设备支架	1.材质 2.形式			
031002003	套管	1.名称、类型 2.材质 3.规格 4.填料材质	个	按设计图示数量计算	1.制作 2.安装 3.除锈、刷油

注:①单件支架质量为100 kg以上的管道支吊架执行设备支吊架制作安装。

②成品支架安装执行相应管道支架或设备支架项目,不再计取制作费,支架本身价值含在综合单价中。

③套管制作安装,适用于穿基础、墙、楼板等部位的防水套管、填料套管、无填料套管及防火管等,应分别列项。

▶ **3.2.3 管道支架及其他工程定额计算规则与相关说明**

1)计算规则

①管道支架制作安装,按设计图示实际质量以"kg"计算;设备支架制作安装,按设计图示实际单件质量以"kg"计算。

②成品管卡、阻火圈安装,成品防火套管安装,区分工作介质、管道直径,按设计图示不同规格数量以"个"计算。

③管道保护管制作与安装,分为钢制和塑料两种材质,区分不同规格,按设计图示管道中心线长度计算。

④管道水压试验、消毒冲洗按设计图示管道长度计算。

⑤一般穿墙套管、柔性套管、刚性套管,区分工作介质、管道的公称直径,按设计图示数量

以"个"计算。

⑥成品表箱安装,区分箱体半周长,按设计图示数量以"个"计算。

⑦氮气置换安装,区分管径,按设计图示长度计算。

⑧警示带、示踪线安装,按设计图示长度计算。

⑨地面警示标志桩安装,按设计图示数量以"个"计算。

2)定额说明

①"支架及其他"章节内容包括管道支架、设备支架和各种套管制作安装,阻火圈安装,计量表箱、管道压力试验、通球试验、管道冲洗等项目。

②管道支架制作安装项目,适用于室内外管道的管架制作与安装。如单件质量大于 100 kg 时,应按"支架及其他"章节设备支架制作安装相应定额子目执行。

③管道支架采用木垫式、弹簧式管架时,均按"支架及其他"章节管道支架安装定额子目执行,支架中的弹簧减震器、滚珠、木垫等成品件质量应计入安装工程量,其材料费数量按实计入。

④成品管卡安装项目,适用于与各类管道配套的立、支管成品管卡的安装。

⑤管道、设备支架的除锈、刷油,按第十一册《刷油、防腐蚀、绝热安装工程》相应定额子目执行。

⑥刚性防水套管和柔性防水套管安装项目中,包括配合预留孔洞及浇筑混凝土工作内容。一般套管制作安装项目,均未包括预留孔洞工作,发生时按第九册《消防安装工程》相应定额子目执行。

⑦套管制作安装项目已包含堵洞工作内容。

⑧套管内填料按油麻编制,如与设计不符时,可按工程要求调整换算填料。

⑨保温管道穿墙、板采用套管时,按保温层外径规格执行套管相应子目。

⑩水压试验项目仅适用于因工程需要而发生的非正常情况的管道水压试验。管道安装定额中已包括规范要求的水压试验,不得重复计算。

⑪因工程需要再次发生管道冲洗时,按"支架及其他"章节相应定额子目执行,同时扣减定额中漂白粉消耗量,其他消耗量乘以系数 0.6。

⑫成品表箱安装适用于水表、热量表、燃气表等箱的安装。

3.3 管道附件工程

▶ **3.3.1 管道附件工程常用图例符号**

管道附件是安装在管道及设备上的启闭和调节装置的总称。一般分为配水附件和控制附件两大类。配水附件如装在卫生器具及用水点的各式水嘴,用以调节和分配水流。控制附件是用来调节水量、水压,判断水流,改变水流方向,如闸阀、止回阀、浮球阀等。阀门常用图例见表3.6。

表 3.6 阀门常用图例

图例	名称	图例	名称
	自动排气阀		止回阀
	闸阀		倒流防止器
	末端试水装置		清通口
	截止阀		防倒污阀门井
	水龙头		电动闸阀
	水表井		雨水斗
	丝堵		通气帽
	排水检查井		小便器冲洗阀
	延时自闭式冲洗阀		自动排气阀

▶ 3.3.2 管道附件工程清单计算规则及相关说明

管道附件工程量清单项目设置、项目特征描述的内容、计量单位及工程量计算规则,应按表 3.7 的规定执行。

表 3.7 管道附件(编码:031003)

项目编码	项目名称	项目特征	计量单位	工程量计算规则	工作内容
031003001	螺纹阀门	1. 类型			
031003002	螺纹法兰阀门	2. 材质 3. 规格、压力等级	个		1. 安装 2. 电气接线 3. 调试
031003003	焊接法兰阀门	4. 连接形式 5. 焊接方法		按设计图示数量计算	
031003004	带短管甲乙阀门	1. 材质 2. 规格、压力等级 3. 连接形式 4. 接口方式及材质	个		1. 安装 2. 电气接线 3. 调试
031003005	塑料阀门	1. 规格 2. 连接形式			1. 安装 2. 调试

续表

项目编码	项目名称	项目特征	计量单位	工程量计算规则	工作内容
031003006	减压器	1.材质 2.规格、压力等级 3.连接形式 4.附件配置	组	按设计图示数量计算	组装
031003007	疏水器				
031003008	除污器 （过滤器）	1.材质 2.规格、压力等级 3.连接形式			安装
031003009	补偿器	1.类型 2.材质 3.规格、压力等级 4.连接形式	个		
0310030010	软接头 （软管）	1.材质 2.规格 3.连接形式	个（组）		安装
031003011	法兰	1.材质 2.规格、压力等级 3.连接形式	副（片）		安装
031003012	倒流防止器	1.材质 2.型号、规格 3.连接形式	套		安装
031003013	水表	1.安装部位（室内外） 2.型号、规格 3.连接形式 4.附件配置	组（个）		组装
031003014	热量表	1.类型 2.型号、规格 3.连接形式	块		
031003015	塑料排水管 消声器	1.规格 2.连接形式	个		安装
031003016	浮标液面计		组		
031003017	浮漂 水位标尺	1.用途 2.规格	套		

注：①法兰阀门安装包括法兰连接，不得另计。阀门安装如仅为一侧法兰连接时，应在项目特征中描述。
②塑料阀门连接形式需注明热熔连接、粘接、热风焊接等方式。
③减压器规格按高压侧管道规格描述。
④减压器、疏水器、倒流防止器等项目包括组成与安装工作内容，项目特征应根据设计要求描述附件配置的情况，或根据××图集或××施工图做法描述。

▶ 3.3.3 管道附件工程定额计算规则及相关说明

1）计算规则

①各种阀门、补偿器、软接头、普通水表、IC卡水表、水锤消除器、塑料排水管消声器安装，

区分不同连接方式、公称直径,按设计图示数量以"个"计算。

②减压器、疏水器、水表、倒流防止器、热量表成组安装,区分不同组成结构、连接方式、公称直径,按设计图示数量以"组"计算。减压器安装,按高压侧的直径以"个"计算。

③卡紧式软管区分不同管径,按设计图示数量以"根"计算。

④法兰均区分不同公称直径,按设计图示数量以"副"计算。承插盘法兰短管区分不同连接方式、公称直径,按设计图示数量以"副"计算。

⑤浮标液面计、浮标水位标尺区分不同型号,按设计图示数量以"组"计算。

2)定额说明

①"管道附件"章节内容包括各类阀门、法兰、低压器具、补偿器、计量表、软接头、倒流防止器、塑料排水管消声器、液面计、水位标尺等安装。

②阀门安装均综合考虑了标准规范要求的强度及严密性试验工作内容。若采用气压试验时,除定额人工外,其他相关消耗量可进行调整。

③安全阀安装后进行压力调整的,其人工乘以系数 2.0。螺纹三通阀安装按螺纹阀门安装项目乘以系数 1.3。

④电磁阀、温控阀安装项目均包括了配合调试工作内容,不再重复计算。

⑤对夹式蝶阀安装已含双头螺栓用量,在套用与其连接的法兰安装项目时,应将法兰安装项目中的螺栓用量扣除。浮球阀安装已包括了联杆及浮球的安装。

⑥与螺纹阀门配套的连接件,如设计与定额中的材质不同时,可按实调整。

⑦法兰阀门、法兰式附件安装项目均不包括法兰安装,按第十册《给排水、采暖、燃气安装工程》相应定额子目执行。

⑧每副法兰和法兰式附件安装项目中,均包括一个垫片和一副法兰螺栓的材料用量。各种法兰连接用垫片均按石棉橡胶板考虑,如工程要求采用其他材质可按实调整。

⑨减压器、疏水器安装均按成组安装考虑,分别依据国家建筑标准设计图集 01SS105 和 05R407 编制。疏水器成组安装未括止回阀安装,若安装止回阀,按第十册《给排、水采暖、燃气安装工程》相应定额子目执行。单独减压器、疏水器安装,按第十册《给排、水采暖、燃气安装工程》相应定额子目执行。

⑩除污器成组安装依据国家建筑标准设计图集 03R402 编制,适用于立式、卧式和旋流式除污器成组安装。单个过滤器安装,按第十册《给排、水采暖、燃气安装工程》相应定额子目执行,人工乘以系数 1.2。

⑪普通水表、IC 卡水表安装不包括水表前的阀门安装。水表安装定额是按与钢管连接编制的,若与塑料管连接时其人工乘以系数 0.6,材料、机械消耗量可按实调整。

⑫水表组成安装是依据国家建筑标准设计图集 05S502 编制的。法兰水表(带旁通管)成组安装中三通、弯头均按成品管件考虑。

⑬热量表成组安装是依据国家建筑标准设计图集 10K509\10R504 编制的,如实际组成与此不同,可按第十册"法兰、阀门"等附件相应定额子目执行。

⑭倒流防止器成组安装是依据国家建筑标准设计图集 12S108-1 编制的,按连接方式不同可分为带水表与不带水表安装。

⑮器具成组安装项目已包括标准设计图集中的旁通管安装,旁通连接管所占长度不再另计管道工程量。

⑯器具组成安装是分别依据现行相关标准图集编制的,其中,连接管、管件均按钢制管道、管件及附件考虑,如实际采用其他材质组成安装,则按第十册《给排、水采暖、燃气安装工程》相应定额子目执行。器具附件组成如实际与定额不同时,可按第十册"法兰、阀门"等附件相应定额子目执行。

⑰补偿器项目包括方形补偿器制作安装和焊接式、法兰式成品补偿器安装,成品补偿器包括球形、填料式、波纹式补偿器。补偿器安装项目中包括就位前进行预拉(压)工作。

⑱法兰式软接头安装适用于法兰式橡胶及金属挠性接头安装。

⑲塑料排水管消声器安装按成品考虑。

⑳浮标液面计、水位标尺分别依据采暖通风国家标准图集 N102-3 和全国通用给排水标准图集 S318 编制,如设计与标准图集不符,主要材料可作调整,其他不变。

㉑"管道附件"章节所有安装项目均不包括固定支架的制作安装,发生时应按第十册"支架及其他"相应定额子目执行。

3.4 卫生器具工程

▶ 3.4.1 卫生器具工程常用图例符号

卫生器具是指供水或接收、排出污水或污物的容器或装置。卫生器具是建筑内部给水排水系统的重要组成部分,是收集和排出生活及生产中产生的污水和废水的设备。按其作用分为以下几类:

①便溺用卫生器具,如大便器、小便器等。

②盥洗、淋浴用卫生器具,如洗脸盆、淋浴器等。

③洗涤用卫生器具,如洗涤盆、污水盆等。

④专用卫生器具,如医疗、科学研究实验室等特殊需要的卫生器具。

卫生器具常用图例符号见表3.8。

表3.8 卫生器具常用图例符号

图例	名称	图例	名称
	壁挂式小便器		坐式大便器
	拖布池		淋浴器
	坐式大便器给水		浴盆
	洗涤盆		淋浴间
	盥洗台		淋浴喷头

▶ **3.4.2 卫生器具工程清单计算规则及相关说明**

卫生器具工程量清单项目设置、项目特征描述的内容、计量单位及工程量计算规则,应按表3.9的规定执行。

表3.9 卫生器具(编码:031004)

项目编码	项目名称	项目特征	计量单位	工程量计算规则	工作内容
031004001	浴缸	1.材质 2.规格、类型 3.组装形式 4.附件名称、数量	组	按设计图示数量计算	1.器具安装 2.附件安装
031004002	净身盆				
031004003	洗脸盆				
031004004	洗涤盆				
031004005	化验盆				
031004006	大便器				
031004007	小便器				
031004008	其他成品卫生器具				
031004009	烘手器	1.材质 2.型号、规格	个		安装
031004010	淋浴器	1.材质、规格 2.组装形式 3.附件名称、数量	套		1.器具安装 2.附件安装
031004011	淋浴间				
031004012	桑拿浴房				
031004013	大、小便槽自动冲洗水箱	1.材质、类型 2.规格 3.水箱配件 4.支架形式及做法 5.器具及支架除锈、刷油设计要求	套		1.制作 2.安装 3.支架制作、安装 4.除锈、刷油
031004014	给、排水附(配)件	1.材质 2.型号、规格 3.安装方式	个(组)		安装
031004015	小便槽冲洗管	1.材质 2.规格	m	按设计图示长度计算	
031004016	蒸汽-水加热器	1.类型 2.型号、规格 3.安装方式	套	按设计图示数量计算	1.制作 2.安装
031004017	冷热水混合器				
031004018	饮水器				
031004019	隔油器	1.类型 2.型号、规格 3.安装部位			安装

注:①成品卫生器具项目中的附件安装,主要指给水附件,包括水嘴、阀门、喷头等,排水配件包括存水弯、排水栓、下水口等以及配备的连接管。

②浴缸支座和浴缸周边的砌砖、瓷砖粘贴,应按国家标准《房屋建筑与装饰工程工程量计算规范》(GB 50854—2013)相关项目编码列项;功能性浴缸不含电机接线和调试,应按本规范附录D电气设备安装工程相关项目编码列项。

③洗脸盆适用于洗脸盆、洗发盆、洗手盆安装。

④器具安装中若采用混凝土或砖基础,应按国家标准《房屋建筑与装饰工程工程量计算规范》(GB 50854—2013)相关项目编码列项。

⑤给、排水附(配)件是指独立安装的水嘴、地漏、地面扫除口等。

▶ 3.4.3 卫生器具工程定额计算规则及相关说明

1)计算规则

①各种卫生器具安装,按设计图示数量以"组"或"套"计算。

②大便槽、小便槽自动冲洗水箱安装,区分容积按设计图示数量以"套"计算。大、小便槽自动冲洗水箱制作不分规格,按实际质量以"kg"计算。

③小便槽冲洗管制作与安装,按设计图示长度计算,不扣除管件所占的长度。

④湿蒸房依据使用人数,按设计图示数量以"座"计算。

⑤隔油器安装,区分安装方式、进水管径,按设计图示数量以"套"计算。

2)定额说明

①"卫生器具"章节内容中,卫生器具是参照国家建筑标准设计图集《排水设备及卫生器具安装》(2010年合订本)中的有关标准图编制,包括浴盆、净身盆、洗脸盆、洗涤盆、化验盆、大便器、小便器、淋浴器、淋浴室、桑拿浴房、烘手器、拖布池、水龙头、排水栓、地漏、地面扫除口、雨水斗、蒸汽-水加热器、冷热水混合器、饮水器、隔油器等器具安装项目,以及大、小便器自动冲洗水箱和小便槽冲洗管制作安装。

②各类卫生器具安装项目除另有标注外,均适用于各种材质。

③各类卫生器具安装项目包括卫生器具本体、配套附件、成品支托架安装。各类卫生器具配套附件是指给水附件(水嘴、金属软管、阀门、冲洗管、喷头等)和排水附件(下水口、排水栓、存水弯、与地面或墙面排水口间的排水连接管等)。卫生间配件是指卫生间内的置物架、纸筒等。

④各类卫生器具所用附件已列出消耗量,如随设备或器具本体供应已配套带有时,其消耗量不得重复计算。各类卫生器具支托架如现场制作时,按第十册《给排水、采暖、燃气安装工程》"支架及其他"相应定额子目执行。

⑤浴盆冷热水带喷头若采用埋入式安装时,混合水管及管件消耗量应另行计算。按摩浴盆包括配套小型循环设备(过滤罐、水泵、按摩泵、气泵等)安装,其循环管路材料、配件等均按成套供货考虑。浴盆底部所需填充的干砂消耗量另行计算。

⑥液压脚踏卫生器具安装按"卫生器具"章节相应定额子目执行,人工乘以系数1.3,液压脚踏装置材料消耗量另行计算。如水嘴、喷头等配件随液压阀及控制器成套供应时,应扣除定额中的相应材料,不得重复计取。卫生器具所用液压脚踏装置包括配套的控制器、液压脚踏开关及液压连接软管等配套附件。

⑦大、小便器冲洗(弯)管均按成品考虑。大便器安装已包括了柔性连接头或胶皮碗。

⑧大、小便槽自动冲洗水箱安装中,已包括水箱和冲洗管的成品支托架、管卡安装,水箱支托架和管卡的制作及刷漆按相应定额子目执行。

⑨与卫生器具配套的电气安装,按第四册《电气设备安装工程》相应定额子目执行。

⑩各类卫生器具的混凝土或砖基础、周边砌砖、瓷砖粘贴、蹲式大便器蹲台砌筑、台式洗脸盆的台面安装,按《重庆市房屋建筑与装饰工程计价定额》(CQJZZSDE—2018)相应定额子目执行。

⑪"卫生器具"章节所有项目安装不包括预留、堵孔洞,按第九册《消防安装工程》相应定额子目执行。

3.5   燃气管道器具及其他工程

► 3.5.1   燃气管道器具及其他工程清单计算规则及相关说明

燃气管道器具及其他工程量清单项目设置、项目特征描述的内容、计量单位及工程量计算规则,应按表3.10的规定执行。

给排水、采暖、
燃气工程定额
附录要点

表3.10   燃气器具及其他(编码:031007)

项目编码	项目名称	项目特征	计量单位	工程量计算规则	工作内容
031007001	燃气开水炉	1.型号、容量 2.安装方式 3.附件型号、规格	台	按设计图示数量计算	1.安装 2.附件安装
031007002	燃气采暖炉				
031007003	燃气沸水器、消毒器	1.类型 2.型号、容量 3.安装方式 4.附件型号、规格			
031007004	燃气热水器				
031007005	燃气表	1.类型 2.型号、规格 3.连接方式 4.托架设计要求	块(台)		1.安装 2.托架制作、安装
031007006	燃气灶具	1.用途 2.类型 3.型号、规格 4.安装方式 5.附件型号、规格	台		1.安装 2.附件安装
031007007	气嘴	1.单嘴、双嘴 2.材质 3.型号、规格 4.连接形式	个		安装

续表

项目编码	项目名称	项目特征	计量单位	工程量计算规则	工作内容
031007008	调压器	1. 类型 2. 型号、规格 3. 安装方式	台		安装
03100709	燃气抽水缸	1. 材质 2. 规格 3. 连接形式	个		
031007010	燃气管道调长器	1. 规格 2. 压力等级 3. 连接形式	个	按设计图示数量计算	安装
031007011	调压箱、调压装置	1. 类型 2. 型号、规格 3. 安装部位	台		
031007012	引入口砌筑	1. 砌筑形式、材质 2. 保温、保护材料设计要求	处		1. 保温（保护）台砌筑 2. 填充保温（保护）材料

注：①沸水器、消毒器适用于容积式沸水器、自动沸水器、燃气消毒器等。
　　②燃气灶具适用于人工煤气灶具、液化石油气灶具、天然气燃气灶具等，用途应描述民用或公用，类型应描述所采用的气源。
　　③调压箱、调压装置安装部位应区分室内、室外。
　　④引入口砌筑形式应注明地上、地下。

▶ **3.5.2 燃气管道器具及其他工程定额计算规则及相关说明**

1）计算规则

①燃气开水炉、采暖炉、沸水器、消毒器、热水器安装，按设计图示数量以"台"计算。

②膜式燃气表安装，区分规格型号，按设计图示数量以"块"计算；燃气流量计安装，区分不同管径，按设计图示数量以"台"计算；流量计控制器安装，区分不同管径，按设计图示数量以"个"计算。

③燃气灶具安装，区分民用灶具和公用灶具，按设计图示数量以"台"计算。

④气嘴安装，按设计图示数量以"个"计算。

⑤调压器、调压箱（柜）安装，区分不同进口管径，按设计图示数量以"台"计算。

⑥燃气管道调长器安装，区分不同管径，按设计图示数量以"个"计算。

⑦燃气凝水器安装，区分压力、材质、管径，按设计图示数量以"套"计算。

⑧引入口保护罩安装,按设计图示数量以"个"计算。

2)定额说明

①"燃气管道器具及其他"章节包括燃气开水炉、燃气采暖炉、燃气沸水器、消毒器、燃气热水器、燃气表、燃气灶具、气嘴、调压器、调压箱、调压装置、燃气凝水缸、燃气管道调长器安装及引入口保护罩安装等。

②各种燃气炉(器)具安装项目,均包括本体及随炉(器)具配套附件的安装。

③壁挂式燃气采暖炉安装子目,考虑了随设备配备的托盘、挂装支架的安装。

④膜式燃气表安装项目适用于螺纹连接的民用或公用膜式燃气表,IC卡膜式燃气表安装按膜式燃气表安装项目,其人工乘以系数1.1。膜式燃气表安装项目中列有两个表接头,如随燃气表配套表接头,应扣除所列表接头。膜式燃气表安装项目中不包括表托架制作安装,发生时根据工程要求另行计算。

⑤燃气流量计适用于法兰连接的腰轮(罗茨)燃气流量计、涡轮燃气流量计。

⑥法兰式燃气流量计、流量计控制器、调压器、燃气管道调长器安装项目均包括与法兰连接一侧所用的螺栓、垫片。

⑦成品钢制凝水器、铸铁凝水器、塑料凝水器安装,按中压和低压分别列项,是依据《燃气工程设计施工》(05R502)进行编制的。凝水缸安装项目包括凝水缸本体、抽水管及其附件、管件安装以及与管道系统的连接。低压凝水缸还包括混凝土基座及铸铁护罩的安装。中压凝水缸不包括井室部分、凝水器防腐处理,发生时执行其他相应安装项目。

⑧燃气管道调长器安装项目适用于法兰式波纹补偿器和套筒式补偿器的安装。

⑨燃气调压箱安装按壁挂式和落地式分别列项,其中落地式区分单路和双路。调压箱安装不包括支架制作安装,保护台、底座的砌筑,发生时执行其他相应安装项目。

⑩燃气管道引入口保护罩安装按分体型保护罩和整体型保护罩分别列项。砖砌引入口保护台及引入管的保温、防腐应执行其他相关定额。

⑪户内家用可燃气体检测报警器与电磁阀成套安装的,按第十册《给排、水采暖、燃气安装工程》"管道附件"中螺纹电磁阀项目人工乘以系数1.3。

3.6　管沟土方工程量计算

室内外管沟土石方,安装定额中不列此项定额,按各地土建定额应用,工程量可按下述方法计算。

▶ 3.6.1　管沟土方开挖工程量计算

沟底宽度设计有尺寸的,按设计尺寸计算;无设计尺寸的,按下式计算并见图3.1。

$$V = (b + kh)hL \tag{3.1}$$

式中　b——沟底断面宽度;

　　　k——边坡系数,取0.3;

　　　h——管沟埋深;

　　　L——管沟长度。

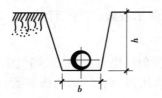

图3.1 管沟断面图

沟底宽度按设计尺寸取值,无设计尺寸时,可按表3.11取值。

表3.11 管道沟底宽度取值

管径/mm	铸铁管、钢管、石棉水泥管	混凝土管、钢筋混凝土管、预应力管	陶土管
50~75	0.60	0.80	0.70
100~200	0.70	0.90	0.80
250~350	0.80	1.00	0.90
400~450	1.00	1.30	1.10
500~600	1.30	1.50	1.40
600~800	1.60	1.80	—
900~1 000	1.80	2.00	—
1 100~2 000	2.00	2.30	—
1 300~4 000	2.20	2.60	—

计算管沟土石方量时,各种检查井和排水管接口处因加宽而多挖的土石方工程量不增加。

▶ 3.6.2 管沟土方回填工程量计算

一般情况下,在计算管道沟回填土时,管道直径在500 mm以上(含500 mm)的,需扣减管道所占体积,每米管道应扣减的体积可按表3.12规定计算。

表3.12 管道占回填土方量扣除表

公称管径/mm	钢管道占回填土方量 /(m³·m⁻¹)	铸铁管道占回填土方量 /(m³·m⁻¹)	混凝土、钢筋混凝土管道占回填土方量/(m³·m⁻¹)
500~600	0.21	0.24	0.33
700~800	0.44	0.49	0.60
900~1 000	0.71	0.77	0.92

3.7 给排水工程案例

如图 3.2—图 3.4 所示为某建筑室内给排水安装工程的给排水平面图和系统图。给水管道采用镀锌钢管,螺纹连接;排水管道采用 UPVC 塑料排水管,承插粘接;排水管出户后第一个检查井距外墙皮 2 m;直冲式普通阀蹲式大便器;瓷洗脸盆冷水;不锈钢地漏;螺纹截止阀;螺纹水表。(备注:蹲式大便器居中安装,墙厚 240 mm,土方开挖深度 1 m,开挖底边宽度 0.7 m,放坡系数 0.3,回填量同开挖量。平面图中所标尺寸不包括外墙厚)

问题:根据《重庆市通用安装工程计价定额》(CQAZDE—2018)列项并计算工程量,结果保留三位小数。

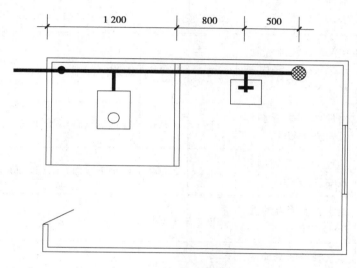

图 3.2 给排水平面图

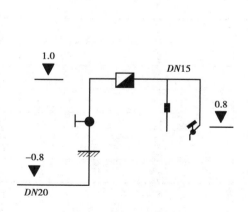

图 3.3 给水系统图

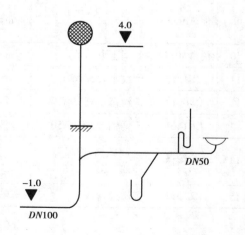

图 3.4 排水系统图

解 计算过程见表 3.13。

表 3.13 给排水工程量计算

序号	定额编号	项目名称及特征	单位	数量	计算式
1	CK0013	镀锌钢管,螺纹连接,室内给水,DN20	m	4.140	水平:1.5(室内外管道分界)+0.24(墙厚)+1.2×1/2(蹲式大便器居中)=2.34 竖直:1-(-0.8)=1.80
2	CK0012	镀锌钢管,螺纹连接,室内给水,DN15	m	1.600	水平:1.2×1/2+0.8=1.40 竖直:1-0.8=0.20
3	CK0534	UPVC 塑料排水管,承插粘接,室内排水,DN100	m	9.240	水平:2(室内外管道分界)+0.24(墙厚)+1.2+0.8=4.24 竖直:4-(-1)=5.00
4	CK0532	UPVC 塑料排水管,承插粘接,室内排水,DN50	m	0.500	0.50
5	CK0815	刚性防水套管制作及安装,DN100	个	3.000	1(地下墙面)+1(地面)+1(屋面板)=3
6	CK0813	刚性防水套管制作及安装,DN20	个	2.000	1(地下墙面)+1(地面)=2
7	CK0872	给水管道消毒冲洗,DN15 以内	m	1.600	
8	CK0873	给水管道消毒冲洗,DN20 以内	m	4.140	
9	借 AA0004	管沟土方开挖,深1 m	m³	2.000	(0.7+0.3×1)×1×2=2
10	借 AA0114	管沟土方回填	m³	2.000	
11	CK1278	螺纹水表,DN20	个	1.000	
12	CK0912	螺纹截止阀,DN20	个	1.000	
13	CK1461	不锈钢地漏,DN50	个	1.000	
14	CK1413	直冲式普通阀瓷蹲便器	套	1.000	
15	CK1391	瓷洗脸盆冷水	套	1.000	

3.8　给排水工程综合案例

　　本书综合案例选自某大型房地产商城市综合体一期售房部,工程背景介绍、安装工程施工图、相关说明文件、工程量计算式、工程建模提量、工程组价均完整罗列于电子资料库,请扫描二维码参考学习。

给排水、燃气
工程施工图识读

管道支架及其他
工程施工图识读

管道附件工程
施工图识读

卫生器具工程
施工图识读

给排水工程
综合案例

4

电气设备安装工程

电力系统是指由发电站(或工厂的发电设备)发电,经过合理变电、输电、配电后送达用电设备或用电器具的一个完整系统,如图4.1所示。电气设备安装工程则是指电力系统中需要的所有设备、元件、器具等,如变配电设备、照明控制设备、电缆、架空线路、配管、配线、照明器具、防雷接地等。本章参考《重庆市通用安装工程计价定额》(CQAZDE—2018)第四册《电气设备安装工程》的相关规定和工程实际情况,对电力系统中的主要工程进行介绍,包括变配电装置工程、电缆工程、10 kV以下架空配电线工程、配管配线工程、照明器具工程、防雷接地工程。另外,因弱电工程内容烦琐,划分复杂,所以本书没有单独设立章节讲解弱电,只在本章简单地介绍了建筑弱电安装工程。

4.1 电气设备安装工程常见图例符号

▶ 4.1.1 电气工程施工图常用符号

电气工程图形符号种类较多,且新旧符号均可能出现在图纸上,故将电气工程施工图常用符号摘录在表4.1—表4.5中,将新旧符号对照排列,便于对比学习。

①变配电系统图形符号;

②动力、照明设备图形符号;

③导线和线路敷设图形符号;

④电缆及敷设图形符号;

⑤仪表图形符号;

⑥共用天线电视CATV系统图形符号;

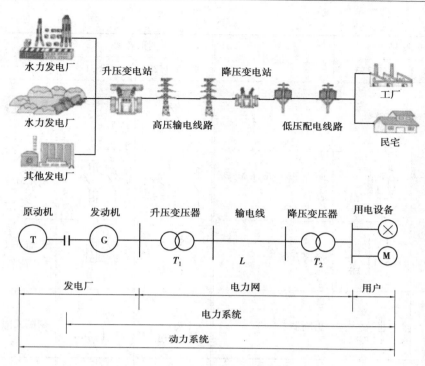

图 4.1　电力系统示意图

⑦通信广播系统图形符号；

⑧动力、照明架空线路图形符号；

⑨电气常用基本字母符号。

表 4.1　变配电系统图形符号

图形符号		说明	图形符号		说明
GB/T 4728	GB 313		GB/T 4728	GB 313	
1) 变配电系统图形符号					双绕组变压器 形式1　形式2
□　▨	◉	发电站□设计▨运行			
○v_V　⊘v_V	▲ PS BS	变电所、配电所 V/V 电压等级			三绕组变压器 形式1　形式2
⚟　⚟	♪	杆上变电所(站)			
TA ⊘	LH	电流互感器	QL	ZK	具有自动释放的负荷开关
TV	YH	电压互感器			

续表

图形符号		说明	图形符号		说明
GB/T 4728	GB 313		GB/T 4728	GB 313	
1)变配电系统图形符号					具有自动释放的接触器
QF	DL	断路器(低压断路器)	Q	K	多极开关 单线 多线 表示
QS	GK	隔离开关	QL	FK	负荷开关(负荷隔离开关)
FU	RD	熔断器	QL	RG	熔断式隔离开关
F	DR	跌开(落)式熔断器	QL	—	熔断式负荷开关
Q	RK	熔断式开关	2)动力、照明设备图形符号		
		一般开关符号 动合(常开)触点			屏、台、箱柜一般符号
					动力、动力-照明配电箱
		动断(常闭)触点			照明配电箱(屏)
					带熔断器的刀开关箱
					刀开关箱
KM	CJ	接触器			电动机启动器

表4.2 动力、照明设备图形符号

图形符号		说明	图形符号		说明
GB/T 4728	GB 313		GB/T 4728	GB 313	
G	E	G 发电机,直流发电机			信号灯
G	F	交流发电机		荧光组成花灯	花灯
M	D	M 电动机,直流电动机			深照型灯
M	D	交流电动机			广照型(配照型)灯
		风扇一般符号			防水防尘灯
		吊式风扇、调速开关			球形灯
		壁装台式风扇			安全灯、矿山灯
		轴流风扇		密闭	三极开关:明、暗、密闭、防爆
		电热水器		防水	单极拉线开关
		照明开关一般符号			单极双控拉线开关
	密闭	单极开关:明、暗、密封、防爆		防水	双控开关(单极双线)
	密闭	双极开关:明、暗、密封、防爆			单相插座:明、暗、密闭、防爆
	J 水晶底罩 T 圆筒形罩 P 平盘罩 S 铁盆罩	灯具一般符号 标色:RD 红、YE 黄、GN 绿、BU 蓝、WH 白 灯类:Ne 氖、Xc 氙、Na 钠、Hg 汞、I 碘、IN 白炽、EL 电发光、FL 荧光、ARC 弧光、IR 红外线、UV 紫外线、LED 发光二极管			带保护接地的插孔单相插座
					带接地插孔的三相插座
			3		多个插座(示出3个)

续表

图形符号		说明	图形符号		说明
GB/T 4728	GB 313		GB/T 4728	GB 313	
		带熔断器插座			投光灯
		电铃			聚光灯
		蜂鸣器			泛光灯
		电喇叭			荧光灯 3管、5管
		隔爆灯			防爆荧光灯
		天棚灯		天棚灯座	示出配线的照明引出线位置
		弯灯		墙上灯座	在墙上的照明引出线
		壁灯			自带电源事故照明灯装置(应急灯)

表 4.3　导线、线路敷设、电缆及敷设、仪表及共用天线电视 CATV 系统图形符号

图形符号		说明	图形符号		说明
GB/T 4728	GB 313		GB/T 4728	GB 313	
3)导线和线路敷设图形符号					控制线路(电力、照明用)信号
		导线、电缆、电路、母线			交流母线
		3 根导线、n 根导线			直流母线
3N~50 Hz380 V $3 \times 120 + 1 \times 50$		三相四线制			滑触线
		事故照明线			中性线 向上配线
50 V	36 V	50 V 以下 电力线路 照明			

图形符号		说明	图形符号		说明
GB/T 4728	GB 313		GB/T 4728	GB 313	
		向下配线			固定衰减器
		垂直通过配线			可变衰减器
		导线连接			抛物面天线
4)电缆及敷设图形符号					滤波器
		电缆密封端头(示出芯数)			四分配器及两分配器
		不出示电缆芯数电缆头			用户分支器
		电缆铺砖保护			二分支器
		电缆穿管保护			四分支器
		电缆预留			匹配负载
		电缆中间接线盒			均衡器
		电缆中间分支接线盒			衰减器
		电缆引上杆(小黑点)			同轴电缆
5)仪表图形符号					呼叫器
		电流表			监听器
		电压表			接机壳或接底板
		电度表(瓦特小时计)			
6)共用天线系统图形符号					
		天线			
		放大器			

表 4.4　通信广播系统和动力、照明架空线路图形符号

图形符号		说明	图形符号		说明
GB/T 4728	GB 313		GB/T 4728	GB 313	
7)通信、广播系统图形符号			8)动力、照明架空线路图形符号		
		电话机			电杆 A 材料及所属部门 B 杆长　C 杆号
		分线盒,可加注: $\dfrac{A\text{-}B}{C}D$、A 编号、B 容量、C 线序、D 用户数			带撑杆的电杆
		室内分线盒			带照明灯具电杆 a 编号、b 杆型、c 杆高、d 容量、A 连接相序
		室外分线盒			拉线(单方向拉线)
		分线箱			有 V 形拉线的电杆
		壁龛分线箱			有高桩拉线的电杆
		电信插座可用文字区别:TP 电话、TX 电传、TV 电视、M 传声器、FM 调频	H		H 形杆
		扬声器 传声器	L		L 形杆
			A		A 形杆
					三角形杆
		受话器	#		四角形杆(#字形杆)
			S		分区杆(S 杆)
	$\dfrac{a}{c}\Big\vert\dfrac{b}{d}$	扬声器(符号见音柱)			有单横担的电杆
		屏、盘、架			有双横担的电杆
		人工交换台、班长台、中继台、测量台、业务台			有双十字担的电杆
					有十字担的电杆
	$\dfrac{a}{c}\Big\vert\dfrac{b}{d}$	音柱 a 编号　b 安装高度 c 容量　d 水平倾角			避雷针
					避雷器
	$\dfrac{a}{c}\Big\vert\dfrac{b}{d}$	音箱			接地
					接地装置　有接地极 无接地极

表 4.5 电气常用基本字母符号

GB/T 7159	GB 315	种类	名称	GB/T 7159	GB 315	种类	名称
9)电气常用基本字母符号				QK	K		刀开关
				QF	DL		断路器
WB	M		母线	QC	Q		综合起动器
WV	YM		电压母线	WD			配电母线
WT		传输通道	滑触线	WF			预报信号母线
WS	XM		信号小母线	WC	KM	波道、天线	控制母线
WCL			合闸母线	WAA	SYM		事故音响母线
WL			灯光小母线	WA			辅助母线
TV	YH		电压互感器	W			导线、电缆
TA	LB	变压器	电流互感器	PV	V		电压表
TM	B		电力变压器	PA	A	测量控制仪器	电流表
ST			转换开关(组合开关)	PJ	Kh		电度表
SF	AN		按钮(火警)	KM	C		接触器
SRS	QA、TA	控制、记忆信号电器开关	按钮(启动、停止)	KI	J	继电器	冲击继电器
SBR	AN		按钮(反转)	KI	ZJ		中间继电器
SBF	AN		按钮(正转)	KE			接地故障继电器
SBE	TA		按钮(紧急停止)	HY	UD		黄色指示灯
SB	AN		按钮开关	HW	LD		白色指示灯
SA	KK		控制开关	HR	HD		红色指示灯
QV			真空开关	HL	ZSD		指示灯
QT	HK		转换开关(组合开关)	HL	GP	信号器件	光指示器
QS	GK	电力电路的开关器件	隔离开关	HG	LD		绿色指示灯
QS	Q		起动器	HA	DD		电笛
QO	DL		油断路器	HA	FM		蜂鸣器
QM			电动保护开关	HA	LL		电铃
QL	FK		负荷开关				
QL	DL		低压断路器				

▶ 4.1.2 常规配管方式、部位描述

常规配管方式、部位描述见表 4.6。

表 4.6 线路敷设方式

种类	明装	暗装	沿墙	沿地面	沿地板	沿梁	沿顶棚	沿柱	沿钢索	沿吊顶
新	E	C	W	FC	F	B	C	CL	SR	SC
旧	M	A	Q	FC	D	L	P	E	SR	SC

► **4.1.3 常规导线敷设方式、部位描述**

$$a - b(c \times d) - e - f$$

式中　a——线路编号,WP 动力,WL 照明;

　　　b——导线种类;

　　　c——导线根数;

　　　d——每根导线截面积;

　　　e——导线敷设方式;

　　　f——敷设部位。

【例 4.1】 WL1-BV(3×2.5)-G25-WC。

解 1 号照明线路,铜芯聚氯乙烯(塑料)绝缘导线,3 根截面面积为 2.5 mm^2,穿过直径为 25 mm 的焊接钢管,沿墙暗敷。

► **4.1.4 常规灯具敷设方式、部位描述**

$$a - b\frac{c \times d}{e}f$$

式中　a——灯具套数;

　　　b——灯具型号、种类;

　　　c——光源数(灯泡数);

　　　d——光源功率;

　　　e——灯具安装高度;

　　　f——灯具安装方式。

4.2 变配电装置工程

变配电装置是用来变换电压和分配电能的电气装置。变配电装置主要由变压器、高低压开关设备、保护电器、测量仪表、母线等组成。

► **4.2.1 变配电工程清单工程量计算规则及相关说明**

变压器安装工程量清单项目设置、项目特征描述的内容、计量单位及工程量计算规则,应按表4.7 的规定执行。

配电装置安装工程量清单项目设置、项目特征描述的内容、计量单位及工程量计算规则,应按表4.8 的规定执行。

表4.7 变压器安装(编码:030401)

项目编码	项目名称	项目特征	计量单位	工程量计算规则	工作内容
030401001	油浸电力变压器	1. 名称 2. 型号 3. 容量(kV·A) 4. 电压(kV) 5. 油过滤要求 6. 干燥要求 7. 基础型钢形式、规格 8. 网门、保护门材质、规格 9. 温控箱型号、规格	台	按设计图示数量计算	1. 本体安装 2. 基础型钢制作、安装 3. 油过滤 4. 干燥 5. 接地 6. 网门、保护门制作、安装 7. 补刷(喷)油漆
030401002	干式变压器				1. 本体安装 2. 基础型钢制作、安装 3. 温控箱安装 4. 接地 5. 网门、保护门制作、安装 6. 补刷(喷)油漆
030401003	整流变压器	1. 名称 2. 型号 3. 容量(kV·A) 4. 电压(kV) 5. 油过滤要求 6. 干燥要求 7. 基础型钢形式、规格 8. 网门、保护门材质、规格			1. 本体安装 2. 基础型钢制作、安装 3. 油过滤 4. 干燥 5. 网门、保护门制作、安装 6. 补刷(喷)油漆
030401004	自耦变压器				
030401005	有载调压变压器				
030401006	电炉变压器	1. 名称 2. 型号 3. 容量(kV·A) 4. 电压(kV) 5. 基础型钢形式、规格 6. 网门、保护门材质、规格			1. 本体安装 2. 基础型钢制作、安装 3. 网门、保护门制作、安装 4. 补刷(喷)油漆
030401007	消弧线圈	1. 名称 2. 型号 3. 容量(kV·A) 4. 电压(kV) 5. 油过滤要求 6. 干燥要求 7. 基础型钢形式、规格			1. 本体安装 2. 基础型钢制作、安装 3. 油过滤 4. 干燥 5. 补漆(喷)油漆

注:变压器油如需试验、化验、色谱分析应按《通用安装工程工程量计算规范》(GB 50856—2013)附录N措施项目相关项目编码列项。

表 4.8　配电装置安装(编码:030402)

项目编码	项目名称	项目特征	计量单位	工程量计算规则	工作内容
030402001	油断路器	1.名称 2.型号 3.容量(A)	台	按设计图示数量计算	1.本体安装、调试 2.基础型钢制作、安装 3.油过滤 4.补刷(喷)油漆 5.接地
030402002	真空断路器	4.电压等级(kV) 5.安装条件 6.操作机构名称及型号 7.基础型钢规格 8.接线材质、规格 9.安装部位 10.油过滤要求			
030402003	SF₆断路器				1.本体安装、调试 2.基础型钢制作、安装 3.补刷(喷)油漆 4.接地
030402004	空气断路器	1.名称 2.型号 3.容量(A) 4.电压等级(kV) 5.安装条件 6.操作机构名称及型号 7.接线材质、规格 8.安装部位			1.本体安装、调试 2.基础型钢制作、安装 3.补刷(喷)油漆 4.接地
030402005	真空接触器				
030402006	隔离开关		组		1.本体安装、调试 2.补刷(喷)油漆 3.接地
030402007	负荷开关				
030402008	互感器	1.名称 2.型号 3.规格 4.类型 5.油过滤要求	台		1.本体安装、调试 2.干燥 3.油过滤 4.接地
030402009	高压熔断器	1.名称 2.型号 3.规格 4.安装部位	组		1.本体安装、调试 2.接地
030402010	避雷器	1.名称 2.型号 3.规格 4.电压等级 5.安装部位			1.本体安装 2.接地
030402011	干式电抗器	1.名称 2.型号 3.规格 4.质量 5.安装部位 6.干燥要求			1.本体安装 2.干燥

续表

项目编码	项目名称	项目特征	计量单位	工程量计算规则	工作内容
030402012	油浸电抗器	1. 名称 2. 型号 3. 规格 4. 容量(kV·A) 5. 油过滤要求 6. 干燥要求	台	按设计图示数量计算	1. 本体安装 2. 油过滤 3. 干燥
030402013	移相及串联电容器	1. 名称 2. 型号 3. 规格 4. 质量 5. 安装部位	个		1. 本体安装 2. 接地
030402014	集合式并联电容器				
030402015	并联补偿电容器组架	1. 名称 2. 型号 3. 规格 4. 结构形式			1. 本体安装 2. 接地
030402016	交流滤波装置组架	1. 名称 2. 型号 3. 规格			
030402017	高压成套配电柜	1. 名称 2. 型号 3. 规格 4. 母线配置方式 5. 种类 6. 基础型钢形式、规格	台		1. 本体安装 2. 基础型钢制作、安装 3. 补刷(喷)油漆 4. 接地
030402018	组合型成套箱式变电站	1. 名称 2. 型号 3. 容量(kV·A) 4. 电压(kV) 5. 组合形式 6. 基础规格、浇筑材质			1. 本体安装 2. 基础浇筑 3. 进箱母线安装 4. 补刷(喷)油漆 5. 接地

注:①空气断路器的储气罐及储气罐至断路器的管路应按《通用安装工程工程量计算规范》(GB 50856—2013)附录 H 工业管道工程相关项目编码列项。

②干式电抗器项目适用于混凝土电抗器、铁芯干式电抗器、空心干式电抗器等。

③设备安装未包括地脚螺栓、浇注(二次灌浆、抹面),如需安装应按国家标准《房屋建筑与装饰工程工程量计算规范》(GB 50854—2013)相关项目编码列项。

► 4.2.2 变配电工程定额工程量计算规则及相关说明

1)计算规则

①三相变压器、单相变压器、消弧线圈安装,根据设备容量及结构性能,按照设计图示数量以"台"计算。

②绝缘油过滤不分次数至油过滤合格止,按照设备载油量以"t"计算。

a. 变压器绝缘油过滤,按照变压器铭牌充油量计算。

b. 油断器及其他充油设备绝缘油过滤,按照设备充油量计算。

③断路器、电流互感器、电压互感器、油浸电抗器、电力电容器的安装,根据设备容量或质量,按照设计图示数量以"台"或"个"计算。

④隔离开关、负荷开关、熔断器、避雷器、干式电抗器的安装,根据设备容量或质量,按照设计图示数量以"组"计算,每三相为一组。

⑤并联补偿电抗器组架安装,根据设备布置形式,按照设计图示数量以"台"计算。

⑥交流滤波装置组架安装,根据设备功能,按照设计图示数量以"台"计算。

⑦高压成套配电柜安装,根据设备功能,按照设计图示数量以"台"计算。

⑧箱式变电站安装,根据引进技术特征及设备容量,按照设计图示数量以"座"计算。

⑨变压器配电采集器、柱上变压器配电采集器、环网柜配电采集器调试,根据系统布置,按照设计图示变压器或环网柜数量以"台"计算。

⑩开闭所配电采集器调试,根据系统布置以"间隔"计算,一台断路器计算一个间隔。

⑪电压监控切换装置安装、调试,根据系统布置,按照设计图示数量以"台"计算。

⑫GPS 时钟安装、调试,根据系统布置,按照设计图示数量以"套"计算。天线系统不单独计算工程量。

⑬配电自动化子站、主站系统设备调试,根据管理需求以"系统"计算。

⑭电度表、中间继电器安装调试,根据系统布置,按照设计图示数量以"台"计算。

⑮电表采集器、数据集中器安装调试,根据系统布置,按照设计图示数量以"台"计算。

⑯各类服务器、工作站安装,根据系统布置,按照设计图示数量以"台"计算。

⑰悬垂绝缘子安装是指垂直或 V 形安装的提挂导线、跳线、引下线、设备连接线或设备等所用的绝缘子串安装,根据工艺布置,按照设计图示数量以"串"计算。V 形串按照两串计算工程量。

⑱支持绝缘子安装根据工艺布置和安装固定孔数,按照设计图示数量以"个"计算。

⑲穿墙套管安装不分水平、垂直安装,按照设计图示数量以"个"计算。

⑳软母线安装是指直接由耐张绝缘子串悬挂安装,根据母线形式和截面积或根数,按照设计布置以"跨/三相"计算。

㉑软母线引下线是指由 T 形线夹或并沟线夹从软母线引向设备的连线,其安装根据导线截面积,按照设计布置以"组/三相"计算。

㉒两跨软母线间的跳线、引下线安装,根据工艺布置,按照设计图示数量以"组/三相"计算。

㉓设备连接线是指两设备间的连线,其安装根据工艺布置和导线截面积,按照设计图示数量以"组/三相"计算。

㉔软母线安装预留长度按照设计规定计算,设计无规定时按照表4.9的规定计算。

表4.9 软母线安装预留长度

项目	耐张	跳线	引下线	设备连接线
预留长度/m	2.5	0.8	0.6	0.6

㉕矩形与管形母线及母线引下线安装,根据母线材质及每相片数、截面积或直径,按照设计图示数量以"m/单相"计算。计算长度时,应考虑母线挠度和连接需要增加的工程量,不计算安装损耗量。母线和固定母线金具应按照设计安装数量加损耗量另行计算主材费。

㉖矩形母线伸缩节安装,根据母线材质和伸缩节安装片数,按照设计图示数量以"个"计算;矩形母线过渡板安装,按照设计图示数量以"块"计算。

㉗槽形母线安装,根据母线根数与规格,按照设计图示数量以"m/单相"计算。计算长度时,应考虑母线挠度和连接需要增加的工程量。

㉘槽形母线与设备连接,根据连接的设备与接头数量及槽形母线规格,按照设计连接设备数量以"台"计算。

㉙分相封闭母线安装,根据外壳直径及导体截面积规格,按照安装设计图示轴线长度计算。

㉚共箱母线安装,根据箱体断面及导体截面积规格,按照设计图示轴线长度计算。

㉛低压(电压等级小于或等于380 V)封闭式插接母线槽安装,根据每相电流容量,按照设计图示轴线长度计算。母线槽及母线槽专用配件按照安装数量加损耗量另行计算主材费。分线箱、始端箱安装,根据电流容量,按照设计图示数量以"台"计算。

㉜重型母线安装,根据母线材质及截面面积或用途,按照设计图示质量以"t"计算。母线、固定母线金具、绝缘配件应按照安装数量加损耗量另行计算主材费。

㉝重型母线伸缩节制作与安装,根据重型母线截面面积,按照设计图示数量以"个"计算。铜带、伸缩节螺栓、垫板等单独计算主材费。

㉞重型母线导板制作与安装,根据材质与极性,按照设计图示数量以"束"计算。铜带、导板等单独计算主材费。

㉟重型铝合金母线接触面加工是指对铸造件接触面的加工,根据重型铝合金母线接触面加工的断面,按照实际加工数量以"片/单相"计算。

㊱硬母线配置安装预留长度按照设计规定计算,设计无规定时按照表4.10的规定计算。

表4.10 硬母线配置安装预留长度

序号	项目	预留长度/(m·根$^{-1}$)	说明
1	矩形、槽形母线终端	0.3	从最后一个支持点算起
2	矩形、槽形母线与分支线连接	0.5	分支线预留
3	矩形母线与设备连接	0.3	从设备端子接口算起
4	多片重型母线与设备连接	1.0	从设备端子接口算起

㊲控制设备安装,根据设备性能和规格,按照设计图示数量以"台"计算。

㊳端子板外部接线,根据设备外部接线图,按照设计图示接线数量以"个"计算。

㊴成套配电箱安装,根据设备安装方式及箱体半周长,按照设计图示数量以"台"计算。

㊵高频开关电源、硅整流柜、可控硅柜安装,根据设备电流容量,按照设计图示数量以"台"计算。

㊶电表箱分四表以下和四表以上,按照设计图示数量以"台"计算。电表分单相电表和三相电表,按照设计图示数量以"个"计算。风阀电动执行机构和床头柜集控板安装,按照设计图示数量以"套"计算。

㊷盘、箱、柜的外部进出线预留长度按照表4.11的规定计算。

表 4.11 盘、箱、柜的外部进出线预留长度

序号	项目	预留长度/(m·根$^{-1}$)	说明
1	各种箱、柜、盘、板、盒	高 + 宽	盘面尺寸
2	单独安装的铁壳开关、自动开关、刀开关、启动器、箱式电阻器、变阻器	0.5	从安装对象中心算起
3	继电器、控制开关、信号灯、按钮、熔断器等小电器	0.3	从安装对象中心算起
4	分支接头	0.2	分支线预留

㊸控制开关安装,根据开关形式与功能及电流量,按照设计图示数量以"个"计算。

㊹集中空调开关、请勿打扰装置安装,按照设计图示数量以"套"计算。

㊺熔断器、限位开关安装,根据类型,按照设计图示数量以"个"计算。

㊻用电控制装置、安全变压器安装,根据类型与容量,按照设计图示数量以"台"计算。

㊼仪表、分流器安装,根据类型与容量,按照设计图示数量以"个"或"套"计算。

㊽民用电器安装,根据类型与规模,按照设计图示数量以"台""个""套"计算。

㊾低压电器装置接线是指电器安装不含接线的电器接线,按照设计图示数量以"台"或"个"计算。

㊿小母线安装是指电器需要安装的母线,按照设计图示长度计算。

51开关、按钮安装,根据安装形式与种类、开关极数及单控与双控,按照设计图示数量以"套"计算。

52声控(红外线感应)延时开关、柜门触动开关安装,按照设计图示数量以"套"计算。

53插座安装,根据电源数、定额电流、插座安装形式,按照设计图示数量以"套"计算。

2)适用范围

变配电工程包括油浸电力变压器、干变压器、消弧线圈安装及变压器油过滤;断路器、接触器、隔离开关、负荷开关、互感器、熔断器、避雷器、电抗器、电容器、交流滤波装置组架(TJL系列)、开闭所成套配电装置、高压成套配电柜、组合式成套箱式变电站、配电智能设备安装及单体调试;软母线、矩形母线、槽形母线、槽形母线与设备连线、管形母线、封闭母线、共箱母线、低压封闭式插接母线槽、重型母线绝缘子、穿墙套管及母线绝缘热缩管等安装;控制、继电、信号及模拟配电屏,低压开关柜(屏),弱电控制返回屏,箱式配电室,硅整流柜,可控硅柜,

低压电容器柜,自动调节励磁屏,励磁灭磁屏,蓄电池屏(柜),直流馈电屏,事故照明切换屏,控制台,控制箱,配电箱,成套低压路灯控制柜,控制开关,低压熔断器,限位开关,控制器,接触器,磁力启动器,丫-△自耦减压启动器,磁力控制器,快速自动开关,电阻器,油浸频敏变阻器,分流器,小电器,端子箱,风扇,照明开关,插座,其他电器等安装。

3)相关说明

①设备安装定额包括放注油、油过滤所需的临时油罐等设施摊销费;不包括变压器防震措施安装,端子箱与控制箱的制作与安装,变压器干燥、二次喷漆、变压器铁梯及母线铁构件的制作与安装。工程实际发生时,按第四册《电气设备安装工程》第 N 章相应定额子目执行。

②油浸电力变压器安装定额同样适用于自耦式变压器、带负荷调压变压器的安装;电炉变压器安装执行同容量电力变压器,定额乘以系数1.6;整流变压器安装执行同容量电力变压器,定额乘以系数1.2。

③变压器的器身检查:4 000 kV·A 以下容量变压器是按吊芯检查考虑,4 000 kV·A 以上容量变压器是按吊钟罩考虑,如果 4 000 kV·A 以上的容量变压器需吊芯检查时,定额机械费乘以系数2.0。

④安装带有保护外罩的干式变压器时,执行相关定额,人工、机械乘以系数1.1。

⑤单体调试包括熟悉图纸及相关资料、核对设备、填写试验记录、整理试验报告等工作内容。

a. 变压器单体调试内容包括测量绝缘电阻、直流电阻、极性组别、电压变比、交流耐压及空载电流和空载损耗、阻抗电压和负载损耗试验;包括变压器绝缘油取样、简化试验、绝缘强度试验。

b. 消弧线圈单体调试包括测量绝缘电阻、直流电阻和交流耐压试验;包括油浸式消弧线圈绝缘油取样、简化试验、绝缘强度试验。

⑥绝缘油是按照设备供货考虑的。

⑦非晶合金变压器安装,根据容量执行相应的油浸变压器安装定额。

⑧设备所需的绝缘油、六氟化硫气体、液压油均按照设备供货编制。设备本体以外的加压设备和附属管道的安装,按相应专业相关定额子目执行。

⑨设备安装定额不包括端子箱安装、控制箱安装、设备支架制作及安装、绝缘油过滤、电抗器干燥、基础槽(角)钢安装、配电设备的端子板外部接线、预埋地脚螺栓、二次灌浆。

⑩配电智能设备安装调试定额不包括光缆敷设,设备电源电缆(线)敷设,配线架跳线的安装、焊(绕、卡)接与钻孔;不包括系统试运行、电源系统安装测试、通信测试、软件生产和系统组态以及因设备质量问题而进行的修改工作,工程实际发生时按相应专业相关定额子目执行。

⑪干式电抗器安装定额适用于混凝土电抗器、铁芯干式电抗器和空芯电抗器等干式电抗器安装。定额是按三相叠放、三相平放和二叠一平放的安装方式综合考虑的,工程实际与其不同时,执行定额不作调整。励磁变压器安装根据容量及冷却方式按第四册《电气设备安装工程》相应定额子目执行。

⑫交流滤波装置安装定额不包括铜母线安装。

⑬开闭所(开关站)成套配电装置安装定额综合考虑了开关的不同容量与形式,执行定额时不作调整。

⑭高压成套配电柜安装定额综合考虑了不同容量,执行定额时不作调整。定额中不包括母线配制及设备干燥。

⑮组合式成套箱式变电站主要是指电压等级小于或等于 10 kV 的箱式变电站。定额是按照通用布置方式编制的,执行定额时不因布置形式而调整。在结构上采用高压开关柜、低压开关柜、变压器组成方式的箱式变压器称为欧式变压器;在结构上将负荷开关、环网开关、熔断器等结构简化放入变压器油箱中且变压器取消油枕方式的箱式变压器称为美式变压器。

⑯地埋式变压器安装按组合型成套箱式变电站安装子目执行。

⑰成套配电柜和箱式变电站安装不包括基础槽(角)钢安装,成套配电柜安装不包括母线及引下线的配制与安装。

⑱配电设备基础槽(角)钢、支架、抱箍、延长环、套管、间隔板安装,按相应定额子目执行。

⑲开闭所配电采集器安装定额是按照分散分布式编制的,若实际采用集中组屏形式,执行分散式定额乘以系数 0.9;若为集中式配电终端安装,可执行环网柜配电采集器定额乘以系数 1.2;单独安装屏按相应定额子目执行。

⑳环网柜配电采集器安装定额是按照集中式配电终端编制的,若实际采用分散式配电终端,按开闭所配电采集器定额乘以系数 0.85 执行。

㉑对应用综合自动化系统新技术的开闭所,其测控系统单体调试可执行开闭所配电采集器调试定额乘以系数 0.8,其常规微机保护调试已经包含在断路器系统调试中。

㉒配电智能设备单体调试定额中只考虑三遥(遥控、遥信、遥测)功能调试,若实际工程增加遥调功能时,执行相应定额乘以系数 1.2。

㉓电能表集中采集系统安装调试定额包括基准表安装调试、抄表采集系统安装调试。定额不包括箱体及固定支架安装、端子板与汇线槽及电气设备元件安装、通信线及保护管敷设、设备电源安装测试、通信测试。

㉔环网柜安装根据进出线回路数量按开闭所成套配电装置安装相应定额子目执行。环网柜进出线回路数量与开闭所成套配电装置间隔数量对应。

㉕定额不包括铁构件的制作与安装,工程实际发生时,按第四册《电气设备安装工程》第 N 章相应定额子目执行。

㉖组合软母线安装定额不包括两端铁构件制作与安装及支持瓷瓶、矩形母线的安装,工程实际发生时,按第四册《电气设备安装工程》相应定额子目执行。安装的跨距是按标准跨距综合编制的,如实际安装跨距与定额不符时,执行定额不作调整。

㉗软母线安装定额是按单串绝缘子编制的,如设计为双串绝缘子,其定额人工费乘以系数 1.14。耐张绝缘子串的安装与调整已包括在软母线安装定额内。

㉘软母线的引下线、跳线、经终端耐张线夹引下(不经过 T 形线夹或并沟线夹引下)与设备连接部分应按导线截面分别执行定额。软母线跳线安装定额综合考虑了耐张线夹的连接方式,执行定额时不作调整。

㉙矩形钢母线按铜母线安装定额子目执行。

㉚矩形母线伸缩节头和铜过渡板安装定额是按成品安装编制的,定额不包括加工配制及主材费。

㉛矩形母线、槽形母线安装定额不包括支持瓷瓶安装和钢构件配置安装,工程实际发生时,按相应定额子目执行。

㉜高压共箱母线和低压封闭式插接母线槽安装定额是按照成品安装编制的,定额不包括加工配制及主材费,包括接地安装及材料费。

㉝插接式母线槽安装定额是按三相综合考虑的,如遇单相则按相应定额基价乘以系数0.6执行。

㉞设备安装定额包括屏、柜、台、箱设备本体及其辅助设备安装,即签框、光字牌、信号灯、附加电阻、连接片。定额不包括支架制作与安装、二次喷漆及喷字、设备干燥、焊(压)接线端子、端子板外部(二次)接线、基础槽(角)钢制作与安装、设备上开孔。

㉟接线端子定额只适用于导线,电力电缆终端头制作安装定额中包括压接线端子,控制电缆终端头制作安装定额中包括终端头制作及接线至端子板,不得重复计算。

㊱直流屏(柜)不单独计算单体调试,其费用综合在分系统调试中。

㊲低压电器安装定额适用于工业低压用电装置、家用电器的控制装置及电器的安装。定额综合考虑了型号、功能,执行定额时不作调整。

㊳控制装置安装定额中,除限位开关及水位电气信号装置安装定额外,其他安装定额均未包括支架制作、安装。工程实际发生时,按第四册《电气设备安装工程》第 N 章相应定额子目执行。

㊴"控制设备及低压电器安装"章节定额包括电器安装、接线(除单独计算外)、接地。定额不包括接线端子、保护盒、接线盒、箱体等安装,工程实际发生时,按第四册《电气设备安装工程》相应定额子目执行。

㊵成品配套空箱体安装参照相应的成套配电箱安装定额子目乘以系数 0.5 执行。

㊶变频柜安装参照可控硅柜安装相应定额子目执行。

㊷插座箱安装参照成套配电箱相应定额子目执行。

▶ 4.2.3 变配电工程案例

变配电工程施工图复杂,本章案例仅以图 4.2 所描述的可能出现的内容进行简单列项,不做计算,见表 4.12。

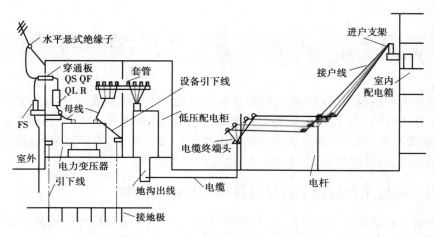

图 4.2　10 kV 及以下架空进线和架空送电系统图

表4.12　变配电工程表

序号	定额编号	项目名称及特征	单位
1	CD0300	悬式绝缘子三相安装	串
2	CD0303	户内式支持绝缘子4孔安装	个
3	CD0307	穿墙套管安装	个
4	CD0070	高压熔断器安装	组
5	CD0072	10 kV以下避雷器安装	台
6	CD0164	带型铜母线 TMY-80×10	10 m
7	CD0039	真空断路器安装	台
8	CD0049	隔离开关安装	组
9	CD0057	负荷开关安装	组
10	CD0064	互感器安装	台
11	CD0001	油浸电力变压器安装	台
12	CD2225	穿通板制作、安装	块
13	CD2210	基础槽钢安装	10 m
14	CD2214	一般铁构件制作	100 kg
15	CD2215	一般铁构件安装	100 kg
16	CD2270	母线系统调试	段
17	CD2228	电力变压器系统调试	系统
18	一系列	接地装置等	
19	一系列	接地装置调试等	

4.3　电缆工程

电缆是指由一根或多根相互绝缘的导体和外包绝缘保护层制成的,将电力或信息从一处传输到另一处的导线。电缆一般分为电力电缆、控制电缆和通信电缆,分别用于分配和传输电能,控制和操纵电气设备、通信连接线路。电缆可敷设于地下、空中、江湖或海底。本节电缆工程介绍电缆、电缆终端头、电缆中间头、电缆敷设通道等。

▶ 4.3.1　电缆工程清单工程量计算规则及相关说明

电缆安装工程量清单项目设置、项目特征描述的内容、计量单位及工程量计算规则,应按表4.13的规定执行。

表 4.13 电缆安装(编码:030408)

项目编码	项目名称	项目特征	计量单位	工程量计算规则	工作内容
030408001	电力电缆	1. 名称 2. 型号 3. 规格 4. 材质 5. 敷设方式、部位 6. 电压等级(kV) 7. 地形	m	按设计图示尺寸以长度计算(含预留长度及附加长度)	1. 电缆敷设 2. 揭(盖)盖板
030408002	控制电缆				
030408003	电缆保护管	1. 名称 2. 材质 3. 规格 4. 敷设方式		按设计图示尺寸以长度计算	保护管敷设
030408004	电缆槽盒	1. 名称 2. 材质 3. 规格 4. 型号			槽盒安装
030408005	铺砂、盖保护板(砖)	1. 种类 2. 规格			1. 铺砂 2. 盖板(砖)
030408006	电力电缆头	1. 名称 2. 型号 3. 规格 4. 材质、类型 5. 安装部位 6. 电压等级(kV)	个	按设计图示数量计算	1. 电力电缆头制作 2. 电力电缆头安装 3. 接地
030408007	控制电缆头	1. 名称 2. 型号 3. 规格 4. 材质、类型 5. 安装方式			
030408008	防火堵洞	1. 名称 2. 材质 3. 方式 4. 部位	处	按设计图示数量计算	安装
030408009	防火隔板		m²	按设计图示尺寸以面积计算	
030408010	防火涂料		kg	按设计图示尺寸以质量计算	
030408011	电缆分支箱	1. 名称 2. 型号 3. 规格 4. 基础形式、材质、规格	台	按设计图示数量计算	1. 本体安装 2. 基础制作、安装

注:①电缆穿刺线夹按电缆头编码列项。

②电缆井、电缆排管、顶管,应按现行国家标准《市政工程工程量计算规范》(GB 50857—2013)相关项目编码列项。

③电缆敷设预留长度及附加长度,见《通用安装工程工程量计算规范》(GB 50856—2013)电缆附加长度表。

▶ 4.3.2 电缆工程定额工程量计算规则及相关说明

1)计算规则

①直埋电缆沟槽挖填根据电缆敷设路径,按设计要求计算沟槽开挖工程量。当设计无具体规定时,按照表4.14的规定计算。沟槽开挖长度按照电缆敷设路径的长度计算。

表4.14 电缆管沟土石方

项目	电缆根数/根	
	1~2	每增一根
每米沟槽挖方量/m³	0.45	0.153

注:①两根以内的电缆沟,是按上口宽度600 mm、下口宽度400 mm、深度900 mm计算的常规土方量(深度按规范的最低标准)。

②每增加一根电缆,其宽度增加170 mm。

③以上土方量是按埋深从自然地坪起算,如涉及埋深超过900 mm时,多挖的土方量应另行计算。

④挖淤泥、流砂,按照本表数量乘以系数1.5。

②电缆沟揭、盖、移动盖板根据施工组织设计,以揭一次与盖一次或者移出一次与移回一次为计算基础,按照实际揭与盖或移出与移回的次数乘以其长度计算。

③电缆保护管铺设根据电缆敷设路径,应区别不同敷设方式、敷设位置、管材材质、规格,按照设计图示长度计算。计算电缆保护管长度时,设计无规定者按照以下规定增加保护管长度:

a.横穿马路时,按照路基宽度两端各增加2 m。

b.保护管需要出地面时,弯头管口距地面增加2 m。

c.穿过建(构)筑物外墙时,从基础外缘起增加1 m。

d.穿过沟(隧)道时,从沟(隧)道壁外缘起增加1 m。

④电缆保护管地下敷设,其土石方量施工有设计图纸的,按施工图纸计算;无施工图纸的,沟深按照0.9 m计算,沟宽按最外边的保护管边缘每边各增加0.3 m工作面计算。

⑤电缆敷设根据电缆敷设环境与规格,按照设计图示长度计算。

a.竖井通道内敷设电缆长度按照电缆敷设在竖井通道的垂直高度计算。

b.预制分支电缆敷设长度按照敷设主电缆长度计算。

c.计算电缆敷设长度时,应考虑因波形敷设、弛度、电缆绕梁(柱)所增加的长度,以及电缆与设备连接、电缆接头等必要的预留长度。预留长度按照设计规定计算,设计无规定时按照表4.15的规定计算。

⑥电缆头制作与安装,根据电压等级与电缆头形式及电缆截面,按照设计图示单根电缆接头数量以"个"计算。

a.电力电缆与控制电缆均按照一根电缆有两个终端头计算。

b.电力电缆中间头按照设计规定计算;设计未规定的以单根长度 400 m 为标准,每增加 400 m 计算一个中间头,增加长度小于 400 m 时计算一个中间头。

⑦电缆防火设施安装,根据防火设施的类型及材料,按照设计用量分别以不同计量单位计算工程量。

表 4.15　电缆附加长度表

序号	项目	预留长度(附加)	说明
1	电缆敷设弛度、波形弯度、交叉	2.5%,按电缆全长计算	
2	电缆进入建筑物	2.0 m	规范规定最小值
3	电缆进入沟内或吊架时引上(下)预留	1.5 m	规范规定最小值
4	变电所进线、出线	1.5 m	规范规定最小值
5	电力电缆终端头	1.5 m	检修余量最小值
6	电缆中间接头盒	两端各留 2.0 m	检修余量最小值
7	电缆进控制、保护屏及模拟盘等	宽+高	按盘面尺寸
8	高压开关柜及低压配电盘、箱	2.0 m	盘下进出线
9	电缆至电动机	0.5 m	从电机接线盒起算
10	厂用变压器	3.0 m	从地坪起算
11	电缆绕过梁柱等增加长度	按实计算	按被绕物的断面情况计算增加长度
12	电梯电缆与电缆架固定点	每处 0.5 m	规范最小值

注:①电缆附加及预留的长度是电缆敷设长度的组成部分,应计入电缆长度工程量内。

②表中"电缆敷设的附加长度"不适用于矿物绝缘电缆预留长度,矿物绝缘电缆预留长度按厂家定制长度和规格参数执行。

2)适用范围

电缆工程包括避雷针制作与安装、避雷引下线敷设、避雷网安装、接地极(板)制作与安装、接地母线敷设、接地跨接线安装、桩承台接地、设备防雷装置安装、阴极保护接地、等电位装置安装等。

3)相关说明

①电缆保护管铺设定额分为地下铺设、地上铺设两个部分。入室后需要敷设电缆保护管时,按第四册《电气设备安装工程》第 L 章相应定额子目执行。

a.地下铺设不分人工或机械铺设,不分铺设深度,均执行定额,不作调整。

b.地下顶管、拉管定额不包括入口、出口施工,应根据施工措施方案另行计算。

c.地上铺设保护管定额不分角度与方向,综合考虑了不同壁厚与长度,执行定额时不作调整。

d.多孔梅花管安装参照塑料管相应定额子目按公称外径执行。

e.多孔排管敷设按相应管道定额子目乘以表 4.16 中的系数。

表4.16　多孔排管孔数人工调整系数表

排管孔数	6孔以下	12孔以下	30孔以下	48孔以下
人工系数	0.95	0.88	0.82	0.78

②电力电缆敷设定额包括输电电力敷设与配电电缆敷设项目,根据敷设环境按相应定额执行。定额综合了裸包电缆、铠装电缆、屏蔽电缆等电缆类型,凡是电压等级小于或等于10 kV电力电缆和控制电缆敷设,不分结构形式和型号,均按相应的电缆截面和芯数定额执行。

a.输电电力电缆敷设环境分为直埋式、电缆沟(隧)道内、排管内、街码金具上。输电电力电缆起点为电源点或变(配)电站,终点为用户端配电站。

b.配电电力电缆敷设环境分为室内、竖井通道内。配电电力电缆起点为用户端配电站,终点为用电设备。室内敷设电力电缆定额综合考虑了用户区内室外电缆沟、室内电缆沟、室内桥架、室内支架、室内线槽、室内管道等不同环境敷设,执行定额时不作调整。

c.预制分支电缆、控制电缆敷设定额综合考虑了不同的敷设环境,执行定额时不作调整。

d.定额编制的矿物绝缘电缆适用于刚性矿物绝缘电缆,柔性矿物绝缘电力电缆根据电缆敷设环境与电缆截面,按相应的电力电缆敷设定额执行。

e.竖井通道内敷设电缆定额适用于高度大于3.6 m的竖井,且采用电缆卡子固定明敷在竖井井壁的电缆敷设方式。在单段高度小于3.6 m的竖井内敷设电缆时,应按室内敷设电缆相应定额执行。

f.电缆敷设定额中综合考虑了电缆布放费用,当电缆布放穿过大于20 m的垂直高度时,需要计算电缆布放增加费。电缆布放增加费按照竖直电缆长度计算工程量,按竖井通道内敷设电缆相应子目的定额人工和机械乘以系数0.3计算。

g.预制分支电缆敷设定额中,包括电缆吊具(吊具主材按实计算)、每个长度小于或等于10 m分支电缆安装;不包括分支电缆的终端头制作安装,应根据设计图示数量与规格,按相应的电缆接头定额子目执行。每个长度大于10 m以上的分支电缆长度,应根据超出的数量与规格及敷设的环境,按相应的电缆敷设定额子目执行。

③电缆在一般山地、丘陵地区敷设时,其定额人工乘以系数1.3。该地段施工所需的额外材料(如固定桩、夹具等),应根据施工组织设计另行计算。

④电力电缆敷设定额是按照三芯(包括三芯接地)编制的,电缆每增加一芯,相应定额增加15%,单芯电力电缆敷设按照同截面电缆敷设定额乘以系数0.7,两芯电缆按照三芯电缆定额执行。截面积400 m² 以上至800 m² 的单芯电力电缆敷设,按照400 m² 电力电缆敷设定额乘以系数1.35。截面积800 m² 以上至1 600 m² 的单芯电力电缆敷设,按照400 m² 电力电缆敷设定额乘以系数1.85。

⑤电缆敷设需要钢索及拉紧装置安装时,按第四册《电气设备安装工程》相应定额子目执行。

⑥电缆头制作安装定额中包括镀锡裸铜线、扎索管、接线端子、压接管、螺栓等消耗性材料。定额不包括终端盒、中间盒、保护盒、插接式成品头、铅套管主材及支架安装。

⑦双屏蔽电缆头制作安装,按相应定额人工乘以系数1.05执行。若接线端子为异型端

子,需要单独加工时,应另行计算加工费。

⑧电缆防火设施安装不分规格、材质,执行定额时安装费不作调整。

⑨电缆敷设定额中不包括支架制作与安装,工程实际发生时,按第四册《电气设备安装工程》相应定额子目执行。

⑩铝合金电缆敷设根据规格按相应的铝芯电缆敷设定额执行。

⑪电缆沟盖板采用金属盖板时,根据设计图纸分工按相应的定额子目执行。属于电气安装专业设计范围的电缆沟金属盖板制作与安装,按第四册《电气设备安装工程》第 N 章相应定额乘以系数 0.6 执行。

▶ 4.3.3　电缆工程案例

工程背景:某综合办公楼进行电力电缆敷设。2YJV-4×35+1×16-SC80,YJV-4×120+1×70-SC150,电缆保护管采用明配;入户处 350 m 土沟直埋敷设,盖预制混凝土盖板 3.5 m³;户内竖直通道敷设 60 m,户内槽式钢桥架 100 mm×200 mm 安装,敷设长度 500 m;采用户内干包式电缆终端头,户内浇注式电缆中间头,电缆每盘 200 m。

【例 4.2】　请根据《重庆市通用安装工程计价定额》(CQAZDE—2018)进行列项并计算工程量,结果保留三位小数。

注意:暂不考虑预留问题、电缆运输问题、电缆调试问题。

解　电缆工程施工图一般较为复杂,故本题仅用文字进行描述,根据工程背景描述和定额进行列项计算,其计算结果见表 4.17。

表 4.17　电缆工程工程量计算表

序号	定额编号	项目名称及特征	单位	数量	计算式及说明
1	CD0775	直埋式电缆敷设 YJV-4×35+1×16	100 m	7.175	350×2×(1+2.5%)/100
2	CD0777	直埋式电缆敷设 YJV-4×120+1×70	100 m	3.588	350×(1+2.5%)/100
3	CD0817	电缆敷设 YJV-4×35+1×16	100 m	10.250	500×2×(1+2.5%)/100
4	CD0820	电缆敷设 YJV-4×120+1×70	100 m	5.125	500×(1+2.5%)/100
5	CD0825	电缆竖直通道内敷设 YJV-4×35+1×16	100 m	1.230	60×2×(1+2.5%)/100
6	CD0828	电缆竖直通道内敷设 YJV-4×120+1×70	100 m	0.615	60×(1+2.5%)/100
7	CD0871	电缆保护管,钢管 150 mm	100 m	9.1	(350+60+500)/10
8	CB0753	槽式钢桥架 100 mm×200 mm 安装	10 m	50	500/10
9	CD0870	电缆保护管,钢管 80 mm	100 m	18.200	2×910/100
10	CD0920	户内干包式电缆终端头制作安装,35 mm²,铜芯	个	4	2×2
11	CD0923	户内干包式电缆终端头制作安装,120 mm²,铜芯	个	2	2
12	CD0974	户内浇注式电缆中间头制作安装,35 mm²,铜芯	个	8	2×4

续表

序号	定额编号	项目名称及特征	单位	数量	计算式及说明
13	CD0977	户内浇注式电缆中间头制作安装,120 mm² 铜芯	个	4	
14	借 AA0004	电缆土方开挖	m³	211.050	(0.45 + 0.153)×350
15	借 AA0114	电缆土方回填	m³	211.050	(0.45 + 0.153)×350
16	CD0905	电缆沟铺砂盖保护板,1~2根	100 m	3.5	
17	CD0906	电缆沟铺砂盖保护板,每增加一根	100 m	3.5	
18	借 AE0237	预制混凝土盖板制作	m³	3.5	

4.4 10 kV 以下架空配电线路工程

10 kV 以下架空配电线路是架设于露天的电缆线路,由电杆、横担、金具、绝缘子、导线等组成。电杆分为木杆、钢筋混凝土杆、铁塔等;横担分为木、铁、瓷横担等;金具分为联接、接续、拉线等;绝缘子分为针式、鼓式、蝶式绝缘子等,也分为瓷、玻璃绝缘子;导线分为铝绞线、钢绞线、铜绞线等。

► 4.4.1 架空配电线路工程清单工程量计算规则及相关说明

10 kV 以下架空配电线路工程量清单项目设置、项目特征描述的内容、计量单位及工程量计算规则,应按表 4.18 的规定执行。

表 4.18 10 kV 以下架空配电线路(编码:030410)

项目编码	项目名称	项目特征	计量单位	工程量计算规则	工作内容
030410001	电杆组立	1. 名称 2. 材质 3. 规格 4. 类型 5. 地形 6. 土质 7. 底盘、拉盘、卡盘规格 8. 拉线材质、规格、类型 9. 现浇基础类型、钢筋类型、规格、基础垫层要求 10. 电杆防腐要求	根(基)	按设计图示数量计算	1. 施工定位 2. 电杆组立 3. 土(石)方挖填 4. 底盘、拉盘、卡盘安装 5. 电杆防腐 6. 拉线制作、安装 7. 现浇基础、基础垫层 8. 工地运输

续表

项目编码	项目名称	项目特征	计量单位	工程量计算规则	工作内容
030410002	横担组装	1. 名称 2. 材质 3. 规格 4. 类型 5. 电压等级(kV) 6. 瓷瓶型号、规格 7. 金具品种规格	组	按设计图示数量计算	1. 横担安装 2. 瓷瓶、金具组装
030410003	导线架设	1. 名称 2. 型号 3. 规格 4. 地形 5. 跨越类型	km	按设计图示尺寸以单线长度计算(含预留长度)	1. 导线架设 2. 导线跨越及进户线架设 3. 工地运输
030410004	杆上设备	1. 名称 2. 型号 3. 规格 4. 电压等级(kV) 5. 支撑架种类、规格 6. 接线端子材质、规格 7. 接地要求	台(组)	按设计图示数量计算	1. 支撑架安装 2. 本体安装 3. 焊压接线端子、接线 4. 补刷(喷)油漆 5. 接地

注:①杆上设备调试,应按《通用安装工程工程量计算规范》(GB 50856—2013)附属工程相关项目编码列项。

②架空导线预留长度见《通用安装工程工程量计算规范》(GB 50856—2013)架空导线预留长度表。

▶ 4.4.2 架空配电线路工程定额工程量计算规则及相关说明

1)计算规则

①工地运输根据运输距离与运输物品种类,区分人力、汽车运输方式,按照工程施工组织设计以"t·km"计算。

a. 单位工程汽车运输材料质量不足 3 t 时,按照 3 t 计算。材料运输工程量计算式如下:

$$材料运输工程量 = 施工图用量 \times (1 + 损耗量) + 包装物质量$$

b. 主要材料运输质量按照表 4.19 计算。

表 4.19　主要材料运输质量表

材料名称		单位	运输质量/kg	备注
混凝土制品	人工浇制	m³	2 600	包括钢筋
	离心浇制	m³	2 860	包括钢筋
线材	导线	kg	$W \times 1.15$	有线盘
	避雷线、拉线	kg	$W \times 1.07$	无线盘
木杆材料		m³	500	包括木横担
金具、绝缘子		kg	$W \times 1.07$	
螺栓、垫圈、脚钉		kg	$W \times 1.01$	
土方		m³	1 500	实挖量
块石、碎石、卵石		m³	1 600	
黄砂(干中砂)		m³	1 550	自然砂 1 200 kg/m³
水		kg	$W \times 1.2$	

注:①W 为理论质量。

②未列入的其他材料,按照净重计算。

c.塔材、钢管杆装卸与运输质量应计算螺栓、脚钉、垫圈等质量。

②底盘、卡盘、拉线盘按设计用量以"块"计算。

③电杆组立杆根据材质和杆长,区别杆塔组立形式、质量,按设计图示数量以"基"计算。

④拉线制作与安装根据拉线形式与截面积,按设计图示数量以"根"计算。

拉线长度按设计全根长度计算,设计无规定时可按表4.20 的规定计算。

表 4.20　拉线长度计算表

项目		普通拉线/(m·根⁻¹)	V(Y)形拉线/(m·根⁻¹)	弓形拉线/(m·根⁻¹)
杆高	8 m	11.47	22.94	9.33
	9 m	12.61	25.22	10.1
	10 m	13.74	27.48	10.92
	11 m	15.1	30.2	11.82
	12 m	16.14	32.28	12.62
	13 m	18.69	37.38	13.42
	14 m	19.68	39.36	15.12
水平拉线/(m·根⁻¹)		26.47		

⑤接地设施安装根据接地组成部分,区分土质、接地线单根敷设长度、降阻接地方式,按设计图示数量计算工程量。

⑥横担安装根据材质、安装根数,区分电压等级、杆的位置、导线根数,按设计图示数量以"组"计算。

⑦绝缘子安装根据绝缘子性质,按设计图示数量以"片"或"只"计算。

⑧街码金具安装根据电压等级与配线方式,按设计图示数量以"组"计算。

⑨导线架设工程按设计图示单根架设数量以"km"计算。计算架线长度时,应考虑弛度、弧垂、导线与设备连接、导线接头等必要的预留长度。预留长度按照设计规定计算,设计无规定时按照表4.21的规定计算。计算主材费、运输质量时,应计算耗损量。

表4.21 导线、电缆、集束导线预留长度表

项目名称		长度/(m·根⁻¹)
高压	转角	2.5
	分支、终端	2.0
低压	分支、终端	0.5
	交叉跳线转角	1.5
	与设备连线	0.5
	进户线	2.5

⑩导线跨越架设,包括跨越线架的搭、拆和运输,根据被跨越物的种类、规格,按照施工组织设计实际跨越的数量以"处"计算。定额中每个跨越距离按照小于或等于50 m考虑,当跨越距离每增加50 m时,计算1处跨越,增加距离小于50 m时按照1处计算。

⑪杆上变配电设备安装根据设备的种类与规格,按设计图示数量以"台""组""个"计算。

2)适用范围

架空配电线路工程包括工地运输、电杆组立、横担组装、导线架设、杆上设备安装等。定额中已包括需要搭拆脚手架的费用,执行定额时不作调整。

3)相关说明

①地形特征划分:

a.平地:指地形比较平坦、开阔,地面土质含水率小于或等于40%的地带。

b.丘陵:指地形有起伏的地貌,水平距离小于或等于1 km,地形起伏小于或等于50 m的地带。

c.一般山地:指一般山岭或沟谷地带、高原台地,水平距离小于或等于250 m,地形起伏在50~150 m的地带。

d.泥沼地带:指经常积水的田地或泥水淤积的地带。

e.高山:指人力攀登困难,水平距离小于或等于250 m,地形起伏在150~250 m的地带。

②如在以下地形条件下施工时,其人工、机械按照表4.22规定的地形系数调整。

表4.22 地形系数调整表

地形类别	丘陵	一般山地、泥沼地带	高山
系数调整	1.20	1.60	2.20

③地形系数根据工程设计条件和工程实际情况执行。

a.输电线路全线路径分几种地形时,可按照各种地形线路长度所占比例计算综合系数。

b. 在确定运输地形时,应按照运输路径的实际地形划分。

④架空线路定额已综合考虑了高空作业因素,均不作调整。

⑤有关说明:

A. 工地运输包括材料自存放仓库或集中堆放点运至沿线各杆或塔位的装卸、运输及空载回程等全部工作。定额包括人力运输、汽车运输。

a. 人力运输运距按照卸料点至各杆塔位的实际距离计算;高山地带进行人力工地运输时,运距应以山地垂直高差平均值作为直角边,按照斜长计算,不按照实际运输距离计算。

b. 汽车运输定额综合考虑了车的性能与运载能力、路面级别以及一次装、分次卸等因素,执行定额时不作调整。计算汽车运输距离时,按照"km"计算,运输距离不足 1 km 时按照 1 km 计算。

c. 汽车利用盘山公路行驶进行工地运输时,其运输地形按照一般山地考虑。

d. 杆上变配电设备工地运输参照金具、绝缘子运输定额乘以系数 1.2。

B. 电杆组立定额包括混凝土杆组立、钢管杆组立、铁塔组立、拉线制作与安装、接地安装等。电杆组立定额是按照工程施工电杆大于 5 基考虑的,如果工程施工电杆小于或等于 5 基时,执行第四册《电气设备安装工程》第 K 章定额,人工、机械乘以系数 1.30。

a. 定额中杆长包括埋入基础部分杆长。

b. 离心杆、钢管杆组立定额中,单基质量是指杆身自重加横担与螺栓等全部杆身组合构件的总质量。

c. 钢管杆组立定额是按照螺栓连接编制的,插入式钢管杆执行定额时,人工、机械乘以系数 0.90。

d. 铁塔组立定额中,单基质量是指铁塔总质量,包括铁塔本体型钢、连接板、螺栓、脚钉、爬梯、基座等质量。

e. 拉线制作与安装定额综合考虑了不同材质、规格,执行定额时不作调整。定额是按照单根拉线考虑的,当工程实际采用 V 形、Y 形或双拼拉线时,按照两根计算。

f. 接地设施安装定额仅适用于铁塔、钢管杆接地以及长距离线路的接地。接地设施安装定额不包括接地槽土方挖填;定额中接地极长度是按照 2.5 m 考虑的,工程实际长度大于 2.5 m 时,执行定额乘以系数 1.25。

C. 横担组装定额包括横担安装、绝缘子安装、街码金具安装。

a. 横担安装定额包括本体、支撑、支座安装。定额是按单杆安装横担编制的,工程实际采用双杆安装横担时,执行相应定额乘以系数 2.0。

b. 10 kV 横担安装定额是按照单回路架线编制的,当工程实际为单杆双回路架线时,垂直排列挂线执行相应定额乘以系数 2.0,水平排列挂线执行相应定额乘以系数 1.6。

c. 街码金具安装定额适用于沿建(构)筑物外墙架设的输电线路工程。

D. 导线架设定额包括裸铝绞线架设、钢芯铝绞线架设、绝缘铝绞线架设、绝缘铜绞线和钢绞线架设、1 kV 以下低压电力电缆架设、集束导线架设、导线跨越、进户线架设。

a. 导线架设定额中导线是按照三相交流单回线路编制的,当工程实际为单杆双回路架线时,垂直排列同时挂线执行相应定额材料费乘以系数 2.0、人工与机械(仪器仪表)费乘以系数 1.8;垂直排列非同时挂线执行相应定额材料费乘以系数 2.0、人工与机械(仪器仪表)费乘以系数 1.95;水平排列同时挂线执行相应定额材料费乘以系数 2.0、人工与机械(仪器仪表)费乘以系数 1.7;水平排列非同时挂线执行相应定额材料费乘以系数 2.0、人工与机械(仪器仪表)乘以系数1.9。

　　b.导线架设定额综合考虑了耐张杆塔的数量以及耐张终端头制作和挂线、耐张(转角)杆塔的平衡挂线、跳线及跳线串的安装等工作,工程实际与定额不同时不作调整,金具材料费按设计用量加0.5%另行计算。

　　c.钢绞线架设定额适用于架空电缆承力线架设。

　　d.导线跨越定额的计量单位"处"是在一个档距内,对一种被跨越物所必须搭设的跨越设施而言。

　　如同一档距内跨越多种(或多次)跨越物时,应根据跨越物种类分别执行定额。

　　e.导线跨越定额仅考虑因搭拆跨越设施而消耗的人工、材料和机械。在计算架线工程量时,其跨越档的长度不予扣除。

　　f.跨越电气化铁路时,执行跨越铁路定额乘以系数1.2。

　　g.跨越电力线定额是按照停电跨越编制的,如工程实际需要带电跨越,按照表4.23的规定另行计列带电跨越措施费。如被跨越电力线为双回路、多线(4线以上)时,措施费乘以系数1.5。带电跨越措施费以表4.23增加人工消耗量为计算基础,参加取费。

表4.23　带电跨越措施费用表

电压等级/kV	10	6	0.38	0.22
增加工日数量	23	20	7	6

　　h.跨越河流定额仅适用于有水的河流、湖泊(水库)的一般跨越。在架线期间,凡属于人能涉水而过的河道,或处于干涸的河流、湖泊(水库),均不计算跨越河流费用。对于通航河道必须采取封航措施,或水流湍急施工难度较大的峡谷,其导线跨越可根据审定的施工组织设计采取的措施另行计算。

　　i.导线跨越定额是按照单回路线路建设编制的,若为同杆塔架设双回路线路时,执行相应定额人工、机械乘以系数1.5。

　　j.进户线是指供电线路从杆线或分线箱接出至用户计量表箱间的线路。

　　E.杆上变配电设备安装定额包括变压器安装、配电设备安装、杆上控制箱安装、接地环安装、绝缘护罩安装。

　　安装设备所需的钢支架主材、连引线、线夹、金具等应另行计算。

　　a.杆上变压器安装定额不包括变压器抽芯与干燥、检修平台与防护栏杆及设备接地装置安装。

　　b.杆上控制箱安装定额不包括焊(压)接线端子、带电搭接头措施费。

　　c.杆上设备安装包括设备单体调试、配合电气设备试验。

　　d."防鸟刺""防鸟占位器"安装执行驱鸟器定额。

4.5　配管、配线工程

　　配线工程是指将电气装置、设备、元件、用电器具通过配线连接起来;而配管则是用于保护、规范其中的配线,使其组成完整的电气系统,保证通电与安全使用。本节将通过不同的型号、规格、材质和敷设方式介绍配管、配线工程。

▶ 4.5.1 配管、配线工程清单工程量计算规则及相关说明

配管、配线工程量清单项目设置、项目特征描述的内容、计量单位及工程量计算规则,应按表4.24的规定执行。

表4.24 配管、配线(编码:030411)

项目编码	项目名称	项目特征	计量单位	工程量计算规则	工作内容
030411001	配管	1. 名称 2. 材质 3. 规格 4. 配置形式 5. 接地要求 6. 钢索材质、规格			1. 电线管路敷设 2. 钢索架设(拉紧装置安装) 3. 预留沟槽 4. 接地
030411002	线槽	1. 名称 2. 材质 3. 规格	m	按设计图示尺寸以长度计算	1. 本体安装 2. 补刷(喷)油漆
030411003	桥架	1. 名称 2. 型号 3. 规格 4. 材质 5. 类型 6. 接地方式			1. 本体安装 2. 接地
030411004	配线	1. 名称 2. 配线形式 3. 型号 4. 规格 5. 材质 6. 配线部位 7. 配线线制 8. 钢索材质、规格	m	按设计图示尺寸以单线长度计算(含预留长度)	1. 配线 2. 钢索架设(拉紧装置安装) 3. 支持体(夹板、绝缘子、槽板等)安装
030411005	接线箱	1. 名称 2. 材质 3. 规格 4. 安装形式	个	按设计图示数量计算	本体安装
030411006	接线盒				

注:①配管、线槽安装不扣除管路中间的接线箱(盒)、灯头盒、开关盒所占长度。

②配管名称指电线管、钢管、防爆管、塑料管、软管、波纹管等。

③配管配置形式指明配、暗配、吊顶内、钢结构支架、钢索配管、埋地敷设、水下敷设、砌筑沟内敷设等。

④配线名称指管内穿线、瓷夹板配线、塑料夹板配线、绝缘子配线、槽板配线、塑料护套配线、线槽配线、车间带形母线等。

⑤配线形式指照明线路,动力线路,木结构,顶棚内,砖、混凝土结构,沿支架、钢索、屋架、梁、柱、墙,以及跨屋架、梁、柱。

⑥配线保护管遇到下列情况之一时,应增设管路接线盒和拉线盒:

a.管长度每超过 30 m,无弯曲;

b.管长度每超过 20 m,有 1 个弯曲;

c.管长度每超过 15 m,有 2 个弯曲;

d.管长度每超过 8 m,有 3 个弯曲。

垂直敷设的电线保护管遇到下列情况之一时,应增设固定导线用的拉线盒:

a.管内导线截面为 50 mm^2 及以下,长度每超过 30 m;

b.管内导线截面为 70 ~ 95 mm^2,长度每超过 20 m;

c.管内导线截面为 120 ~ 240 mm^2,长度每超过 18 m。在配管清单项目计量时,设计无要求时上述规定可以作为计量接线盒、拉线盒的依据。

⑦配管安装中不包括凿槽、刨沟,应按《通用安装工程工程量计算规范)》(GB 50856—2013)附录 D.13 相关项目编码列项。

⑧配线进入箱、柜、板的预留长度见《通用安装工程工程量计算规范)》(GB 50856—2013)电线预留长度表。

▶ 4.5.2 配管、配线工程定额工程量计算规则及相关说明

1)计算规则

①配管敷设根据配管材质与直径,区别敷设位置、敷设方式,按设计图示长度计算。计算长度时,不计算安装损耗量,不扣除管路中间的接线箱、接线盒、灯头盒、开关盒、插座盒、管件等所占长度。

②金属软管敷设根据金属软管直径,按设计图示长度计算。计算长度时,不计算安装损耗量。

③线槽敷设根据线槽材质及规格,按设计图示长度计算。计算长度时,不计算安装损耗量,不扣除管路中间的接线箱、接线盒、灯头盒、开关盒、插座盒、管件等所占长度。

④电缆桥架安装根据桥架材质与规格,按设计图示长度计算。

⑤组合式桥架安装按设计图示数量以“片”计算;复合支架安装按设计图示数量以“副”计算。

⑥管内穿线根据导线材质与截面积,区别照明线与动力线,按设计图示长度计算;管内穿多芯软导线根据软导线芯数与单芯软导线截面积,按设计图示长度计算。管内穿线的线路分支接头线长度已综合考虑在定额中,不得另行计算。

⑦绝缘子配线根据导线截面积,区别绝缘子形式、绝缘子配线位置,按设计图示长度计算。当绝缘子暗配时,计算引下线工程量,其长度从线路支持点计算至天棚下缘距离。

⑧线槽配线根据导线截面积,按设计图示长度计算。

⑨塑料护套线明敷设根据导线芯数与单芯导线截面积,区别导线敷设位置,按设计图示长度计算。

⑩绝缘导线明敷设根据导线截面积,按设计图示长度计算。

⑪车间带形母线安装根据母线材质与截面积,区别母线安装位置,按设计图示长度计算。

⑫车间配线钢索架设区别圆钢、钢索直径,按设计图示长度计算,不扣除拉紧装置所占长度。

⑬车间配线母线与钢索拉紧装置制作与安装,根据母线截面积、索具螺栓直径,按设计图示数量以“套”计算。

⑭接线箱安装根据安装形式及接线箱半周长,按设计图示数量以"个"计算。

⑮接线盒安装根据安装形式及接线盒类型,按设计图示数量以"个"计算。

⑯盘、柜、箱、板配线根据导线截面积,按设计图示配线长度计算。配线进入盘、柜、箱、板时,每根线的预留长度按照设计规定计算,设计无规定时按照表4.25的规定计算。

表 4.25 配线进入盘、柜、箱、板的预留线长度表

序号	项目	预留长度	说明
1	各种开关箱、柜、板	高 + 宽	盘面尺寸
2	单独安装(无箱、盘)的铁壳开关、闸刀开关、启动器、母线槽进出线盒等	0.3 m	以安装对象中心算起
3	由地面管子出口引至动力接线箱	1 m	以管口计算
4	电源与管内导线连接(管内穿线与软、硬母线接头)	1.5 m	以管口计算
5	出户线	1.5 m	以管口计算

2)适用范围

配管、配线工程包括套接紧定式镀锌钢导管(JDG)、镀锌钢管、防爆钢管、可挠金属套管、塑料管、金属软管、线槽、桥架、管内穿线、绝缘子配线、线槽配线、塑料护套线明敷设、绝缘导线明敷设、车间配线、母线拉紧装置及钢索拉紧装置制作安装、接线箱安装、接线盒安装等。

3)相关说明

①配管定额中钢管材质是按照镀锌钢管考虑的,定额不包括采用焊接钢管刷油漆、刷防火漆或防火涂料、管外壁防腐保护以及接线箱、接线盒、支架制作与安装,工程实际发生时,按相应定额子目执行。

②工程采用镀锌电线管时,执行镀锌钢管定额计算安装费,镀锌电线管主材费按照镀锌钢管用量另行计算。

③工程采用扣压式薄壁钢导管(KBG)时,按套接紧定式镀锌钢导管(JDG)定额子目执行。

④定额中的电工硬质塑料绝缘套管,管材为直管,管子连接采用专用接头连接;电工半硬质塑料绝缘套管为阻燃聚乙烯软管,管材成盘供应,管子连接采用专用接头粘接。

⑤定额中可挠金属套管是指普利卡金属管(PULLKA)。可挠金属套管规格见表4.26。

表 4.26 可挠金属套管规格表

规格	10#	12#	15#	17#	24#	30#	38#	50#	63#	76#	83#	101#
内径/mm	9.2	11.4	14.1	16.6	23.8	29.3	37.1	49.1	62.6	76	81	100.2
外径/mm	13.3	16.1	19	21.5	952.8	34.9	42.9	54.9	69.1	82.9	88.1	107.3

⑥配管定额是按照各专业间配合施工考虑的,定额中不包括凿槽、刨沟、凿孔(洞)及恢复等费用。

⑦室外埋设配线管的土石方施工,按相应定额子目执行。

⑧吊顶天棚板内敷设电气配管,根据管材材质,按"砖、混凝土结构明敷"相关定额子目

执行。

⑨桥架安装定额包括组对、焊接、桥架开孔、隔板与盖板安装、接地、附件安装、修理等,不包括桥架支撑架安装。定额综合考虑了螺栓、焊接和膨胀螺栓3种固定方式,实际安装与定额不同时不作调整。

a.梯式桥架安装定额是按照不带盖考虑的,若梯式桥架带盖,则执行相应的槽式桥架定额。

b.钢制桥架主结构设计厚度大于3 mm时,执行相应安装定额,人工、机械乘以系数1.20。

c.不锈钢桥架安装执行相应的钢制桥架定额,乘以系数1.10。

d.电缆桥架安装定额是按照厂家供应成品安装编制的,若现场需要制作桥架时,应按第N章"附属工程"相应定额子目执行。

⑩管内穿线定额包括扫管、穿线、焊接包头;绝缘子配线定额包括埋螺钉、钉木楞、埋穿墙管、安装绝缘子、配线、焊接包头;线槽配线定额包括清扫线槽、布线、焊接包头;导线明敷设定额包括埋穿墙管、安装瓷通、安装街码、上卡子、配线、焊接包头。

⑪照明线路中导线截面积大于6 mm^{2}时,按动力线路穿线相关定额子目执行。

⑫车间配线定额包括支架安装、绝缘子安装、母线平直与连接及架设、刷分相漆,不包括母线伸缩器制作与安装。

⑬接线箱、接线盒安装定额适用于电压等级小于或等于380 V电压等级用电系统。定额不包括接线箱、接线盒本体费用。暗装接线箱、接线盒定额中,槽孔按照事先预留考虑,定额不包括人工打槽孔的费用。

⑭灯具、开关、插座、按钮等预留线,已分别综合在相应项目内,不另行计算。

▶ 4.5.3 配管、配线工程案例

工程背景:某建筑层高3.2 m,暗装XRM(照明配电箱)的尺寸为320 mm×250 mm×120 mm(高×宽×厚),安装高度1.8 m,单控三联扳式暗开关安装高度1.5 m,单相三孔暗插座安装高度0.3 m,吊管式单管荧光灯成套型,如图4.3—图4.6所示,平面图尺寸为轴线尺寸,不考虑墙厚。

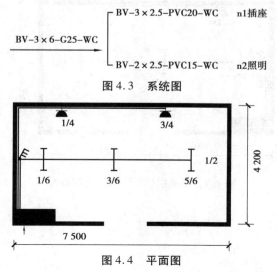

图 4.3 系统图

图 4.4 平面图

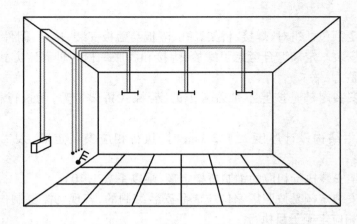

图4.5　照明回路立体图

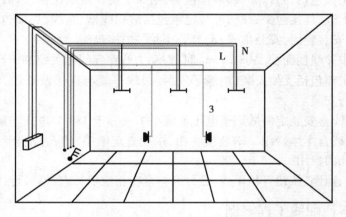

图4.6　照明、插座回路立体图

【例4.3】　请根据《重庆市通用安装工程计价定额》(CQAZDE—2018)进行列项并计算工程量,结果保留三位小数。

解　根据图4.7进行列项计算,其计算结果见表4.27。

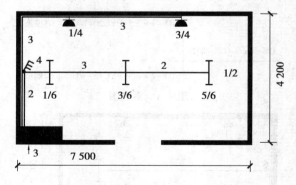

图4.7　平面图(带水平段数据标注)

表 4.27 照明工程量计算表

序号	定额编号	项目名称及特征	单位	数量	计算式及说明
1	CD0337	照明配电箱 320 mm × 250 mm×120 mm(XRM),嵌墙式,二回路	台	1.000	
2	CD1456	室内配管,PVC20 沿墙、沿天棚暗敷	10 m	1.703	$(4.2 + 7.5 \times 3/4)$水平三线 $+ [3.2 - 1.8 + (3.2 - 0.3) \times 2]$竖直三线
3	CD1455	室内配管,PVC15 沿墙、沿天棚暗敷	10 m	1.145	$(2.1 + 7.5 \times 2/6)$水平二线 $+ 7.5 \times 1/6$水平四线 $+ 7.5 \times 2/6$水平三线 $+ 1.4$竖直二线 $+ 1.7$竖直四线
4	CD1602	管内穿线 BV-2.5	100 m	0.852	$4.6 \times 2 + 1.25 \times 4 + 2.5 \times 3 + 1.4 \times 2 + 1.7 \times 4 + 17.025 \times 3 + (0.57 \times 5)$预留
5	CD1937	吊管式单管荧光灯成套型	套	3.000	
6	CD0428	单控三联扳式暗开关	套	1.000	
7	CD0447	单相三孔暗插座	套	2.000	
8	CD1772	塑料接线盒暗装	个	2.000	插座上方分线处、开关上方
9	CD1771	塑料灯头盒、开关盒、插座盒暗装	个	6.000	

4.6 照明器具工程

照明器具工程包括灯具、光源、开关、按钮、插座、风扇等。灯具由灯架、灯罩、灯座及其他附件组成;光源分为热光源和冷光源,包括白炽灯、霓虹灯、广场用钠灯(3 000 W)、荧光灯燃烧物质等。本节将通过不同的型号、规格、材质和安装方式介绍照明器具工程。

▶ 4.6.1 照明器具工程清单工程量计算规则及相关说明

照明器具安装工程量清单项目设置、项目特征描述的内容、计量单位及工程量计算规则,应按表4.28 的规定执行。

表4.28　照明器具安装(编码:030412)

项目编码	项目名称	项目特征	计量单位	工程量计算规则	工作内容
030412001	普通灯具	1. 名称 2. 型号 3. 规格 4. 类型	套	按设计图示数量计算	本体安装
030412002	工厂灯	1. 名称 2. 型号 3. 规格 4. 安装形式			
030412003	高度标志 (障碍)灯	1. 名称 2. 型号 3. 规格 4. 安装部位 5. 安装高度			
030412004	装饰灯	1. 名称 2. 型号 3. 规格 4. 安装形式			
030412005	荧光灯				
030412006	医疗专用灯	1. 名称 2. 型号 3. 规格			
030412007	一般路灯	1. 名称 2. 型号 3. 规格 4. 灯杆材质、规格 5. 灯架形式及臂长 6. 附件配置要求 7. 灯杆形式(单、双) 8. 基础形式、砂浆配合比 9. 杆座材质、规格 10. 接线端子材质、规格 11. 编号 12. 接地要求			1. 基础制作、安装 2. 立灯杆 3. 杆座安装 4. 灯架及灯具附件安装 5. 焊、压接线端子 6. 补刷(喷)油漆 7. 灯杆编号 8. 接地

续表

项目编码	项目名称	项目特征	计量单位	工程量计算规则	工作内容
030412008	中杆灯	1.名称 2.灯杆的材质及高度 3.灯架的型号、规格 4.附件配置 5.光源数量 6.基础形式、浇筑材质 7.杆座材质、规格 8.接线端子材质、规格 9.铁构件规格 10.编号 11.灌浆配合比 12.接地要求	套	按设计图示数量计算	1.基础浇筑 2.立灯杆 3.杆座安装 4.灯架及灯具附件安装 5.焊、压接线端子 6.铁构件安装 7.补刷(喷)油漆 8.灯杆编号 9.接地
030412009	高杆灯	1.名称 2.灯杆高度 3.灯架形式(成套或组装、固定或升降) 4.附件配置 5.光源数量 6.基础形式、浇筑材质 7.杆座材质、规格 8.接线端子材质、规格 9.铁构件规格 10.编号 11.灌浆配合比 12.接地要求			1.基础浇筑 2.立灯杆 3.杆座安装 4.灯架及灯具附件安装 5.焊、压接线端子 6.铁构件安装 7.补刷(喷)油漆 8.灯杆编号 9.升降机构接线调试 10.接地
030412010	桥栏杆灯	1.名称 2.型号 3.规格 4.安装形式			1.灯具安装 2.补刷(喷)油漆
030412011	地道涵洞灯				

▶ 4.6.2　照明器具工程定额工程量计算规则及相关说明

1)计算规则

①普通灯具安装,根据灯具的种类、规格,按设计图示数量以"套"计算。

②吊式艺术装饰灯具安装,根据装饰灯具示意图集所示,区别不同装饰物以及灯体直径和灯体垂吊长度,按设计图示数量以"套"计算。

③吸顶式艺术装饰灯具安装,根据装饰灯具示意图集所示,区别不同装饰物、吸盘几何形状、灯体直径、灯体周长和灯体垂吊长度,按设计图示数量以"套"计算。

④荧光艺术装饰灯具安装,根据装饰灯具示意图集所示,区别不同安装形式和计量单位计算。

a.组合荧光灯带安装,根据灯管数量,按设计图示长度计算。

b.内藏组合式荧光灯安装,根据灯具组合形式,按设计图示长度计算。

c.发光棚荧光灯安装,按设计图示发光棚数量以"m²"计算。灯具主材根据实际安装数量加损耗量以"套"另行计算。

d.立体广告灯箱、天棚荧光灯带安装,按设计图示长度计算。

⑤几何形状组合艺术灯具安装,根据装饰灯具示意图集所示,区别不同安装形式及灯具形式,按设计图示数量以"套"计算。

⑥标志、诱导装饰灯具安装,根据装饰灯具示意图集所示,区别不同安装形式,按设计图示数量以"套"计算。

⑦水下艺术装饰灯具安装,根据装饰灯具示意图集所示,区别不同安装形式,按设计图示数量以"套"计算。

⑧点光源艺术装饰灯具安装,根据装饰灯具示意图集所示,区别不同安装形式、不同灯具直径,按设计图示数量以"套"计算。

⑨草坪灯具安装,根据装饰灯具示意图集所示,区别不同安装形式,按设计图示数量以"套"计算。

⑩歌舞厅灯具安装,根据装饰灯具示意图集所示,区别不同安装形式,按设计图示数量以"套"或"m"或"台"计算。

⑪荧光灯具安装,根据灯具的安装形式、灯具种类、灯管数量,按设计图示数量以"套"计算。

⑫嵌入式地灯安装,根据灯具安装形式,按设计图示数量以"套"计算。

⑬工厂灯及防水防尘灯安装,根据灯具安装形式,按设计图示数量以"套"计算。

⑭工厂其他灯具安装,根据灯具类型、安装形式、安装高度,按设计图示数量以"套"或"个"计算。

⑮医院灯具安装,根据灯具类型,按设计图示数量以"套"计算。

⑯霓虹灯管安装,根据灯管直径,按设计图示长度计算。

⑰霓虹灯变压器、控制器、继电器安装,根据用途与容量及变化回路,按设计图示数量以"台"计算。

⑱小区路灯安装,根据灯杆形式、臂长、灯数,按设计图示数量以"套"计算。

⑲楼宇亮化灯安装,根据光源特点与安装形式,按设计图示数量以"套"或"m"计算。

⑳艺术喷泉照明系统程序控制柜、程序控制箱、音乐喷泉控制设备、喷泉特技效果控制设备安装,根据安装位置、方式及规格,按设计图示数量以"台"计算。

㉑艺术喷泉照明系统喷泉防水配件安装,根据玻璃钢电缆槽规格,按设计图示长度计算。

㉒艺术喷泉照明系统喷泉水下管灯安装,根据灯管直径,按设计图示长度计算。

㉓艺术喷泉照明系统喷泉水上辅助照明安装,根据灯具功能,按设计图示数量以"套"计算。

2)适用范围

照明器具适用范围包括普通灯具、装饰灯具、荧光灯具、嵌入式地灯、高度标志(障碍)灯、工厂灯、防水防尘灯、医院灯具、霓虹灯、路灯、景观灯、桥栏杆灯、地道涵洞灯的安装等。

3）相关说明

①灯具引导线是指灯具吸盘到灯头的连线,除注明者外,均按照灯具自备考虑。如引导线需另行配置时,其安装费不变,主材费另行计算。

②路灯、投光灯、氙气灯、烟囱或水塔指示灯的安装定额,考虑了超高安装(操作超高)因素,其他照明器具安装高度如超过 5 m 时,按照第四册《电气设备安装工程》册说明中规定另行计算超高增加费。

③装饰灯具安装定额考虑了超高安装因素,并包括脚手架搭拆费用。

④吊式艺术装饰灯具的灯体直径为装饰灯具的最大外缘直径,灯体垂吊长度为灯座底部到灯梢之间的总长度。

⑤吸顶式艺术装饰灯具的灯体直径为吸盘最大外缘直径,灯体半周长为矩形吸盘的半周长,灯体垂吊长度为吸盘与灯梢之间的总长度。

⑥照明灯具安装除特殊说明外,均不包括支架制作与安装。工程实际发生时,按第四册《电气设备安装工程》第 N 章相关定额子目执行。

⑦定额包括灯具组装、安装、利用摇表测量绝缘及一般灯具的试亮工作。

⑧路灯安装定额包括灯柱、灯架、灯具安装;现浇混凝土路灯基础及土方施工按相关专业相应定额子目执行。

⑨普通灯具安装定额适用范围见表 4.29。

表 4.29　普通灯具安装定额适用范围表

定额名称	灯具种类
圆球吸顶灯	材质为玻璃的独立的半圆球吸顶灯、扁圆罩吸顶灯、平圆形吸顶灯
方形吸顶灯	材质为玻璃的独立的矩形罩吸顶灯、方形罩吸顶灯、大口方罩吸顶灯
软线吊灯	利用软线为垂吊材料的,独立的,材质为玻璃、塑料罩等各式软线吊灯
吊链灯	利用吊链作辅助悬吊材料的,独立的,材质为玻璃、塑料罩的各式吊链灯
防水吊灯	一般防水吊灯
一般弯脖灯	圆球弯脖灯、风雨壁灯
一般墙壁灯	各种材质的一般壁灯、镜前灯
软线吊灯头	一般吊灯头
声光控座灯头	一般声控、光控座灯头
座灯头	一般塑料、瓷质座灯头

⑩组合荧光灯带、内藏组合式灯、发光棚荧光灯、立体广告灯箱、天棚荧光灯带的灯具设计用量与定额不同时,成套灯具根据设计数量加损耗量计算主材费,安装费不作调整。

⑪装饰灯具安装定额适用范围见表 4.30。

表 4.30　装饰灯具安装定额适用范围表

定额名称	灯具种类(形式)
吊式艺术装饰灯具	不同材质、不同灯体垂吊长度、不同灯体直径的蜡烛灯、挂片灯、串珠(穗)、串棒灯、吊杆式组合灯、玻璃罩(带装饰)灯

续表

定额名称	灯具种类（形式）
吸顶式艺术装饰灯具	不同材质、不同灯体垂吊长度、不同灯体几何形状的串珠（穗）、串棒灯、挂片、挂碗、挂吊蝶灯、玻璃罩（带装饰）灯
荧光艺术装饰灯具	不同安装形式、不同灯管数量的组合荧光灯光带，不同几何组合形式的内藏组合式灯，不同几何尺寸、不同灯具形式的发光棚，不同形式的立体广告灯箱、荧光灯光沿
几何形状组合艺术灯具	不同固定形式、不同灯具形式的繁星灯、钻石星灯、礼花灯、玻璃罩钢架组合灯、凸片灯、反射挂灯、筒形钢架灯、U 形组合灯、弧形管组合灯
标志、诱导装饰灯具	不同安装形式的标志灯、诱导灯
水下艺术装饰灯具	简易型彩灯、密封型彩灯、喷水池灯、幻光型灯
点光源艺术装饰灯具	不同安装形式、不同灯体直径的筒灯、牛眼灯、射灯、轨道射灯
草坪灯具	各种立柱式、墙壁式的草坪灯
歌舞厅灯具	各种安装形式的变色转盘灯、雷达射灯、幻影转彩灯、维纳斯旋转彩灯、卫星旋转效果灯、飞碟旋转效果灯、多头转灯、滚筒灯、频闪灯、太阳灯、雨灯、歌星灯、边界灯、射灯、泡泡发生器、迷你满天星灯、迷你单立灯（盘彩灯）、多头宇宙灯、镜面球灯、蛇光灯

⑫荧光灯具安装定额按照成套型荧光灯考虑，工程实际采用组合式荧光灯时，执行相应的成套型荧光灯安装定额，乘以系数 1.1。荧光灯具安装定额适用范围见表 4.31。

表 4.31　荧光灯具安装定额适用范围表

定额名称	灯具种类
成套型荧光灯	单管、双管、三管、吊链式、吊管式、吸顶式、嵌入式、成套独立荧光灯

⑬工厂灯及防水防尘灯安装定额适用范围见表 4.32。

表 4.32　工厂灯及防水防尘灯安装定额适用范围表

定额名称	灯具种类
直杆工厂吊灯	配照（GC1-A）、广照（GC3-A）、深照（GC5-A）、斜照（GC7-A）、圆球（GC17-A）、双照（GC19-A）
吊链式工厂灯	配照（GC1-B）、深照（GC3-B）、斜照（GC5-C）、圆球（GC7-B）、双照（GC19-A）、广照（GC19-B）
吸顶式工厂灯	配照（GC1-C）、广照（GC3-C）、深照（GC5-C）、斜照（GC7-C）、双照（GC19-C）
弯杆式工厂灯	配照（GC1-D/E）、广照（GC3-D/E）、深照（GC5-D/E）、斜照（GC7-D/E）、双照（GC19-C）、局部深照（GC26-F/H）
悬挂式工厂灯	配照（GC21-2）、深照（GC23-2）
防水防尘灯	广照（GC9-A,B,C）、广照保护网（GC11-A,B,C）、散照（GC15-A,B,C,D,E,F,G）

⑭工厂其他灯具安装定额适用范围见表4.33。

表4.33 工厂其他灯具安装定额适用范围表

定额名称	灯具种类
防潮灯	扁形防潮灯（GC-31）、防潮灯（GC-33）
腰形舱顶灯	腰形舱顶灯 CCD-I
管形氙气灯	自然冷却式220 V/380 V 功率≤20 kW
投光灯	TG 型室外投光灯

⑮医院灯具安装定额适用范围见表4.34。

表4.34 医院灯具安装定额适用范围表

定额名称	灯具种类
病房指示灯	病房指示灯
病房暗脚灯	病房暗脚灯
无影灯	3～12 孔管式无影灯

⑯工厂厂区内、住宅小区内路灯的安装执行第四册《电气设备安装工程》定额。小区路灯安装定额适用范围见表4.35。小区路灯安装定额中不包括小区路灯杆接地,接地参照10 kV输电电杆接地定额执行。

表4.35 小区路灯安装定额适用范围表

定额名称		灯具种类
单臂挑灯		单抱箍臂长1 200 mm 以下、臂长3 000 mm 以下; 双抱箍臂长3 000 mm 以下、臂长5 000 mm 以下、臂长5 000 mm 以上; 双拉梗臂长3 000 mm 以下、臂长5 000 mm 以下、臂长5 000 mm 以上; 成套型臂长3 000 mm 以下、臂长5 000 mm 以下、臂长5 000 mm 以上; 组装型臂长3 000 mm 以下、臂长5 000 mm 以下、臂长5 000 mm 以上
双臂挑灯	成套型	组装型臂长3 000 mm 以下、臂长5 000 mm 以下、臂长5 000 mm 以上; 非对称式臂长2 500 mm 以下、臂长5 000 mm 以下、臂长5 000 mm 以上
	组装型	组装型臂长3 000 mm 以下、臂长5 000 mm 以下、臂长5 000 mm 以上; 非对称式臂长2 500 mm 以下、臂长5 000 mm 以下、臂长5 000 mm 以上
中杆灯、 高杆灯架	成套型	灯杆高度11 m 以下、灯高20 m 以下、灯高20 m 以上
	组装型	灯杆高度11 m 以下、灯高20 m 以下、灯高20 m 以上
大马路弯灯		臂长1 200 mm 以下、臂长1 200 mm 以上
庭院小区路灯		光源≤五火,光源＞七火
桥栏杆灯具		嵌入式、明装式

⑰LED 灯安装根据其结构、形式、安装地点,执行相应的灯具安装定额。

⑱并列安装一套光源双罩吸顶灯时,按照两个单罩周长或半周长之和执行相应定额;并列安装两套光源双罩吸顶灯时,按照两套灯具各自灯罩周长或半周长执行相应定额。

⑲灯具安装定额中灯槽、灯孔按照事先预留考虑。

⑳楼宇亮化灯具控制器、小区路灯集中控制器安装,按"艺术喷泉照明系统安装"相关定额子目执行。

㉑艺术喷泉照明系统安装定额包括程序控制柜、程序控制箱、音乐喷泉控制设备、喷泉特技效果控制设备、喷泉防水配件、艺术喷泉照明等系统安装。

4.7 防雷接地工程

防雷接地工程是指防直击雷和感应雷的综合防雷体系(图4.8),分为外部防雷和内部防雷部分。外部防雷主要是指防直击雷、侧击雷对建筑物的伤害,通过建筑物本身的基础接地体、引下线、避雷针、避雷网、避雷带、避雷网格、均压环、等电位、避雷器等保护建筑物。内部防雷主要是指防止雷电感应和雷电波侵入,通过屏蔽、接地、等电位处理,及安装分流限压装置,保护设备和人身安全。本节主要分析外部防雷部分工程造价。

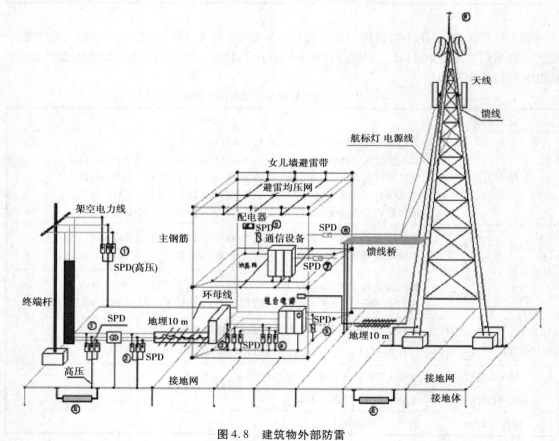

图4.8 建筑物外部防雷

► **4.7.1 防雷接地工程清单工程量计算规则及相关说明**

防雷及接地装置工程量清单项目设置、项目特征描述的内容、计量单位及工程量计算规则,应按表4.36的规定执行。

表4.36 防雷及接地装置(编码:030409)

项目编码	项目名称	项目特征	计量单位	工程量计算规则	工作内容
030409001	接地极	1.名称 2.材质 3.规格 4.土质 5.基础接地形式	根(块)	按设计图示数量计算	1.接地极(板、桩)制作、安装 2.基础接地网安装 3.补刷(喷)油漆
030409002	接地母线	1.名称 2.材质 3.规格			1.接地母线制作、安装 2.补刷(喷)油漆
030409003	避雷引下线	1.名称 2.材质 3.规格 4.安装部位 5.安装形式 6.断接卡子、箱材质、规格	m	按设计图示尺寸以长度计算(含附加长度)	1.避雷引下线制作、安装 2.断接卡子、箱制作、安装 3.利用主钢筋焊接 4.补刷(喷)油漆
030409004	均压环	1.名称 2.材质			1.均压环敷设 2.钢铝窗接地
030409005	避雷网	1.名称 2.材质 3.规格 4.安装形式 5.混凝土块标号			1.避雷网制作、安装 2.跨接 3.混凝土块制作 4.补刷(喷)油漆
030409006	避雷针	1.名称 2.材质 3.规格 4.安装形式、高度	根	按设计图示数量计算	1.避雷针制作、安装 2.跨接 3.补刷(喷)油漆
030409007	半导体少长针消雷装置	1.型号 2.高度	套		本体安装
030409008	等电位端子箱、测试板	1.名称 2.材质 3.规格	台(块)		
030409009	绝缘垫		m²	按设计图示尺寸以展开面积计算	1.制作 2.安装

续表

项目编码	项目名称	项目特征	计量单位	工程量计算规则	工作内容
030409010	浪涌保护器	1. 名称 2. 规格 3. 安装形式 4. 防雷等级	个	按设计图示数量计算	1. 本体安装 2. 接线 3. 接地
030409011	降阻剂	1. 名称 2. 类型	kg	按设计图示以质量计算	1. 挖土 2. 施放降阻剂 3. 回填土 4. 运输

注:①利用桩基础作接地极,应描述桩台下桩的根数,每桩台下需焊接柱筋根数,其工程量按柱引下线计算;利用基础钢筋作接地极均按均压环项目编码列项。

②利用柱筋作引下线的,需描述柱筋焊接根数。

③利用圈梁筋作均压环的,需描述圈梁筋焊接根数。

④使用电缆、电线作接地线,应按《通用安装工程工程量计算规范》(GB 50856—2013)附录 D.8、D.12 相关项目编码列项。

⑤接地母线、引下线、避雷网附加长度见《通用安装工程工程量计算规范》(GB 50856—2013)母线制作安装预留长度表。

► ### 4.7.2 防雷接地工程定额工程量计算规则及相关说明

1)计算规则

①避雷针制作根据材质及针长,按设计图示数量以"根"计算。

②避雷针、避雷小短针安装根据安装地点及针长,按设计图示数量以"根"计算。

③独立避雷针安装根据安装高度,按设计图示数量以"基"计算。

④避雷引下线敷设根据引下线采取的方式,按设计图示长度计算。

⑤断接卡子制作安装按设计图示数量以"套"计算。检查井内接地的断接卡子安装按照每井一套计算。

⑥均压环敷设按设计需要的均压接地梁中心线长度计算。

⑦接地极制作安装根据材质,按设计图示数量以"根"计算。

⑧半导体少长针消雷装置安装,按设计图示数量以"套"计算,根据设计安装高度分别按相应定额子目执行。装置本身由设备制造成套提供。

⑨避雷网、接地母线敷设按设计图示长度计算。

⑩接地跨接线安装根据跨接线位置,结合规程规定,按设计图示跨接数量以"处"计算。

⑪户外配电装置构架按照设计要求,每组构架计算一处;钢窗、铝合金窗按照设计要求,每一樘金属窗计算一处。

⑫柱子主筋与圈梁钢筋焊接按设计要求以"处"计算,每处按两根主筋与两根圈梁钢筋分别焊接连接考虑。

⑬桩承台接地根据桩连接根数,按设计图示数量以"基"计算。

⑭电子设备防雷接地装置安装,根据需要避雷的设备,按设计图示数量以"个"计算。

⑮阴极保护接地根据设计采取的措施,按设计用量计算工程量。

⑯等电位装置安装根据接地系统布置,按设计图示数量以"套"计算。

2)适用范围

防雷接地包括避雷针制作与安装、避雷引下线敷设、避雷网安装、接地极(板)制作与安装、接地母线敷设、接地跨接线安装、桩承台接地、设备防雷装置安装、阴极保护接地、等电位装置安装等。

3)相关说明

①"防雷及接地装置"章节定额适用于建筑物与构筑物的防雷接地、变配电系统接地、设备接地以及避雷针(塔)接地等装置安装。

②接地极安装与接地母线敷设定额不包括土质换土、接地电阻测定工作,工程实际发生时,按相应定额子目执行。接地极按照设计长度计算,设计无规定时,按照每根2.5 m计算。

③避雷针制作、安装定额不包括避雷针底座及埋件的制作与安装。工程实际发生时,应根据设计划分,按相应定额子目执行。

④避雷针安装定额综合考虑了高空作业因素,执行定额时不作调整。避雷针安装在木杆和水泥杆上时,包括其避雷引下线安装。

⑤独立避雷针安装包括避雷针塔架、避雷引下线安装,不包括基础浇筑。塔架制作按第四册《电气设备安装工程》第N章相应定额子目执行。

⑥利用建筑结构钢筋作为接地引下线安装,定额是按照每根柱子内焊接两根主筋编制的,当焊接主筋超过两根时,可按照比例调整定额安装费。防雷均压环是利用建筑物梁内主筋作为防雷接地连接线考虑的,每一梁内按焊接两根主筋编制,当焊接主筋数超过两根时,可按比例调整定额安装费。如果采用单独扁钢或圆钢明敷设作为均压环时,可执行户内接地母线敷设相关定额。

⑦利用铜绞线作为接地引下线时,其配管、穿铜绞线按同规格的相应定额子目执行。

⑧高层建筑物屋顶防雷接地装置安装应执行避雷网安装定额。避雷网安装沿折板支架敷设定额、沿墙明敷设定额包括了支架制作安装,不另行计算。电缆支架的接地线安装应按户内接地母线敷设定额子目执行。

⑨避雷网、接地母线敷设计算长度时,按照设计图示水平和垂直规定长度的3.9%计算附加长度(包括转弯、上下波动、避绕障碍物、搭接头等长度),当设计另有规定时,按照设计规定计算。

⑩利用基础梁内两根主筋焊接连通作为接地母线时,执行"均压环敷设"定额。

⑪户外接地母线敷设不包括沟的挖填土或夯实工作内容,其接地沟的挖填土和夯实工作按相应专业相关定额子目执行。户外接地沟开挖量按设计尺寸计算,如设计无规定时按沟底宽0.4 m、上宽0.5 m、沟深0.75 m,每米沟长的土石方量按0.34 m³计算。

⑫利用建(构)筑物桩承台接地时,桩承台接地项目适用于3根桩及以上的桩承台接地,柱内主筋与桩承台跨接不另行计算。两根桩以内的跨接按实际跨接数计算。

⑬阴极保护接地定额适用于接地电阻率高的土质地区接地施工,包括挖接地井、安装接地电极、安装接地模块、换填降阻剂、安装电解质离子接地极等。

⑭"防雷及接地装置"章节定额不包括固定防雷接地设施所用的预制混凝土块制作(或购置混凝土块)与安装费用。工程实际发生时,按建筑工程相应定额子目执行。

⑮到等电位盒的接地线焊接若利用土建圈梁内主筋,可按均压环敷设定额子目基价乘以系数 0.5;若采用单独扁钢或圆钢敷设,可按户内接地母线敷设定额子目执行。

⑯绝缘垫按相应专业相关定额子目执行。

▶ 4.7.3 防雷接地工程案例

工程背景:某厂主厂房,房顶长×宽为 30 m×11 m,层高 4.5 m,共 5 层,女儿墙高度 0.6 m,室内外高差 0.45 m。女儿墙顶敷设 $\phi 8$ 镀锌圆钢避雷网,$\phi 8$ 镀锌圆钢引下线自厂房四角引下,在距室外地坪 1.8 m 处断开,设置断接卡子,建筑物设 6 根 2.5 m 长 L 50×5 接地极,打入地下 0.8 m,接地极顶部用—40×4 镀锌扁钢接地母线绕建筑物一圈,且与引下线在断接卡子处连通。

【例 4.4】 请根据《重庆市通用安装工程计价定额》(CQAZDE—2018)进行列项并计算工程量,结果保留三位小数。

解 列项计算见表 4.37,其中接地跨接线并非所有项目都存在,此处列出接地跨接线的项目是为了避免遗漏。

表 4.37 防雷接地工程量计算表

序号	定额编号	项目名称及特征	单位	数量	计算式
1	CD1070	$\phi 8$ 镀锌圆钢避雷网敷设	10 m	8.520	$(30+11)\times2\times(1+3.9\%)$
2	CD1065	$\phi 8$ 镀锌圆钢引下线	10 m	9.040	$(4.5\times5+0.6+0.45-1.8)\times4\times(1+3.9\%)$
3	CD1067	断接卡子制作安装	10 套	0.400	
4	CD1059	接地母线—40×4 镀锌扁钢	10 m	9.600	$[(1.8+0.8)\times4+(30+11)\times2]\times(1+3.9\%)$
5	CD1055	接地极制作安装,L 50×5,$L=2.5$ m	根	6.000	(块)金属板;(根)角钢、圆钢、扁钢
6	CD2274	接地网调试	系统	1.000	
7	借 AA0004	室外接地母线土沟开挖,深 0.8 m	m³	41.984	$(0.4+0.3\times0.8)\times0.8\times(30+11)\times2$
8	借 AA0114	室外接地母线土沟回填,深 0.8 m	m³	41.984	$(0.4+0.3\times0.8)\times0.8\times(30+11)\times2$
9	CD1121	接地跨接线	处		

4.8 电气设备工程综合案例

　　本书综合案例选自某大型房地产商城市综合体一期售房部,工程背景介绍、安装工程施工图、相关说明文件、工程量计算式、工程建模提量、工程组价均完整罗列于电子资料库,请扫描二维码参考学习。

变配电工程施工图常用图形符号及相关说明

电缆工程施工图常用图形符号及相关说明

架空配线施工图常用图形符号及相关说明

配管、配线工程施工图常用图形符号及相关说明

照明器具工程施工图常用图形符号及相关说明

防雷接地工程施工图常用图形符号及相关说明

电气工程综合案例

5

消防安装工程

火灾的发生通常会造成人身和财产的极大损失。火灾形成的三大要素为热源、可燃物和氧气。为了防止火灾的发生,建筑中应尽量减少可燃物的堆放,采取在可燃物表面涂刷防火漆等。除此之外,为了有效控制和扑灭火灾,现代建筑中形成了系统性的消防工程,并成为其重要组成部分,以保护人身安全、减少火灾危害。根据使用的灭火剂不同,可分为水灭火系统、气体灭火系统和泡沫灭火系统,同时配以火灾自动报警系统、防烟排烟系统及安全疏散系统等,就合成为消防系统。

5.1 水灭火系统工程

水灭火系统是目前使用最广泛的灭火系统之一,其成本低廉、灭火效率高、施工方便。水灭火系统按其流水方式不同,可分为消火栓灭火系统(图5.1)、自动喷水灭火系统(图5.2)、水喷雾灭火系统。

▶ 5.1.1 水灭火系统施工图常用图例符号

水灭火系统分类较多,下面主要介绍常见的消火栓灭火系统和自动喷水灭火系统中的施工图例符号,见表5.1和表5.2。

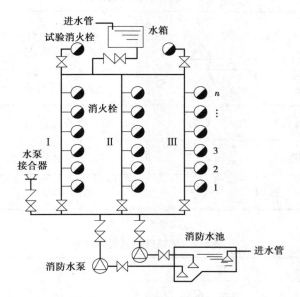

图 5.1 消火栓灭火系统

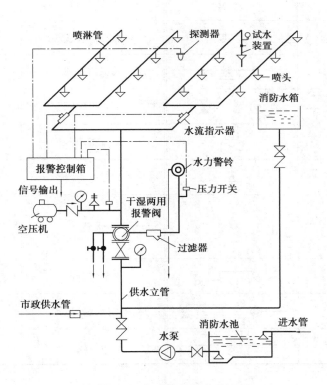

图 5.2 自动喷水灭火系统

表5.1　消防工程基本图形符号

名称	图形	名称	图形
手提式灭火器	△	灭火设备安装处所	⌓
推车式灭火器	△(推车)	控制和指示设备	▭
固定式灭火系统(全淹没)	◇	报警息动	☐
固定式灭火系统(局部应用)	◇	火灾报警装置	▱
固定式灭火系统(指出应用区)	◈	消防通风口	⌂

表5.2　消防管路及配件符号

名称	图形	名称	图形
消火栓	◢ ◑	干式立管	⊸◎
闭式喷头	▽	湿式立管	⊗
开式喷头	▽	可曲挠橡胶接头	⊣○⊢
倒流防止器	▷	水锤消除器	⊸
湿式报警阀	⊙　⋈	干式报警阀	◎　⋈
信号蝶阀	⋈(M)	水流指示器	⊸Ⓛ⊸
安全阀	⊻	Y形过滤器	⊸⊢
末端试水装置 平面图/投影图 (含压力表)	⊙　Y	水泵	⊸▶⊸
遥控浮球阀	⋈~○	水泵接合器	Y
吸水喇叭口	◎___△	消防水罐(池)	⬭⊗
信号线及电源线	—— S+D ——	信号线	—— S ——

▶ 5.1.2　水灭火系统工程清单工程量计算规则及相关说明

水灭火系统工程量清单项目设置、项目特征描述的内容、计量单位及工程量计算规则,应按表 5.3 的规定执行。

表 5.3　水灭火系统(编码:030901)

项目编码	项目名称	项目特征	计量单位	工程量计算规则	工作内容
030901001	水喷淋钢管	1. 安装部位 2. 材质、规格 3. 连接形式 4. 钢管镀锌设计要求 5. 压力试验及冲洗设计要求 6. 管道标识设计要求	m	按设计图示管道中心线以长度计算	1. 管道及管件安装 2. 钢管镀锌 3. 压力试验 4. 冲洗 5. 管道标识
030901002	消火栓钢管				
030901003	水喷淋 (雾)喷头	1. 安装部位 2. 材质、型号、规格 3. 连接形式 4. 装饰盘设计要求	个	按设计图示数量计算	1. 安装 2. 装饰盘安装 3. 严密性试验
030901004	报警装置	1. 名称 2. 型号、规格	组		1. 安装 2. 电气接线 3. 调试
030901005	温感式 水幕装置	1. 型号、规格 2. 连接形式			
030901006	水流指示器	1. 规格、型号 2. 连接形式	个		
030901007	减压孔板	1. 材质、规格 2. 连接形式	个		1. 安装 2. 电气接线 3. 调试
030901008	末端试 水装置	1. 规格 2. 组装形式	组		
030901009	集热罩	1. 材质 2. 支架形式	个		1. 制作、安装 2. 支架制作、安装
030901010	室内消火栓	1. 安装方式 2. 型号、规格 3. 附件材质、规格	套		1. 箱体及消火栓安装 2. 配件安装
030901011	室外消火栓				1. 安装 2. 配件安装
030901012	消防水泵 接合器	1. 安装部位 2. 型号、规格 3. 附件材质、规格	套		1. 安装 2. 附件安装
030901013	灭火器	1. 形式 2. 规格、型号	具(组)		设置
030901014	消防水炮	1. 水炮类型 2. 压力等级 3. 保护半径	台		1. 本体安装 2. 调试

注:①水灭火管道工程量计算,不扣除阀门、管件及各种组件所占长度以延长米计算。

②水喷淋(雾)喷头安装部位应区分有吊顶、无吊顶。

③报警装置适用于湿式报警装置、干湿两用报警装置、电动雨淋报警装置、预作用报警装置等报警装置安装。报警装置安装包括装配管(除水力警铃进水管)的安装,水力警铃进水管并入消防管道工程量。其中:

  a.湿式报警装置包括湿式阀、蝶阀、装配管、供水压力表、装置压力表、试验阀、泄放试验阀、泄放试验管、试验管流量计、过滤器、延时器、水力警铃、报警截止阀、漏斗、压力开关等。

  b.干湿两用报警装置包括两用阀、蝶阀、装配管、加速器、加速器压力表、供水压力表、试验阀、泄放试验阀(湿式、干式)、挠性接头、泄放试验管、试验管流量计、排气阀、截止阀、漏斗、过滤器、延时器、水力警铃、压力开关等。

  c.电动雨淋报警装置包括雨淋阀、蝶阀、装配管、压力表、泄放试验阀、流量表、截止阀、注阀止回阀、电磁阀、排水阀、手动应急球阀、报警试验阀、漏斗、压力开关、过滤器、水力警铃等。

  d.预作用报警装置包括报警阀、控制蝶阀、压力表、流量表、截止阀、排放阀、注水阀、止回阀、泄放阀、报警试验阀、液压切断阀、装配管、供水检验管、气压开关、试压电磁阀、空压机、应急手动试压器、漏斗、过滤器、水力警铃等。

④温感式水幕装置包括给水三通至喷头、阀门间的管道、管件、阀门、喷头等全部内容的安装。

⑤末端试水装置包括压力表、控制阀等附件的安装。末端试水装置安装中不含连接管及排水管的安装,其工程量并入消防管道。

⑥室内消火栓包括消火栓箱、消火栓、水枪、水龙头、水龙带接扣、自救卷盘、挂架、消防按钮;落地消火栓箱包括箱内手提灭火器。

⑦室外消火栓安装方式分地上式、地下式。地上式消火栓安装包括地上式消火栓、法兰接管、弯管底座;地下式消火栓安装包括地下式消火栓、法兰接管、弯管底座或消火栓三通。

⑧消防水泵接合器包括法兰接管及弯头安装,接合器井内阀门、弯管底座、标牌等附件安装。

⑨减压孔板若在法兰盘内安装,其法兰计入组价中。

⑩消防水炮:分普通手动水炮和智能控制水炮。

水灭火系统管道清单工程量计算规则及相关说明如下:

①管道界限的划分:

  a.喷淋系统水灭火管道:室内外界限应以建筑物外墙皮1.5 m为界,入口处设阀门者应以阀门为界;设在高层建筑物内的消防泵间管道应以泵间外墙皮为界。

  b.消火栓管道:给水管道室内外界限划分应以外墙皮1.5 m为界,入口处设阀门者应以阀门为界。

  c.与市政给水管道的界限:以与市政给水管道碰头点(井)为界。

②消防管道如需进行探伤,应按《通用安装工程工程量计算规范》(GB 50856—2013)附录H工业管道工程相关项目编码列项。

③消防管道上的阀门、管道及设备支架、套管制作安装,应按《通用安装工程工程量计算规范》(GB 50856—2013)附录K给排水、采暖、燃气工程相关项目编码列项。

④"消防工程"章节管道及设备除锈、刷油、保温除注明者外,均应按《通用安装工程工程量计算规范》(GB 50856—2013)附录M刷油、防腐蚀、绝热工程相关项目编码列项。

⑤消防工程措施项目,应按《通用安装工程工程量计算规范》(GB 50856—2013)附录N措施项目相关项目编码列项。

▶ 5.1.3 水灭火系统工程定额工程量计算规则及相关说明

1)计算规则

①管道安装按设计图示管道中心线长度计算,不扣除阀门、管件及各种组件所占的长度。

②管件连接区分规格按设计图示数量以"个"计算。沟槽管件主材费包括卡箍及密封圈。

③喷头、水流指示器、减压孔板、集热罩安装,区分安装部位、方式、规格,按设计图示数量以"个"计算。

④报警装置、室内消火栓、室外消火栓、消防水泵接合器安装,按设计图示数量以"组"计算。成套产品包括的内容详见第九册《消防安装工程》附录。

⑤末端试水装置安装区分规格,按设计图示数量以"组"计算。

⑥温感式水幕装置安装按设计图示数量以"组"计算。

⑦灭火器安装区分安装方式,按设计图示数量以"具、组"计算。

⑧消防水炮安装区分规格,按设计图示数量以"台"计算。

2)定额说明

①"水灭火系统"章节内容包括水喷淋管道、消火栓钢管、水喷淋(雾)喷头、报警装置、水流指示器、温感式水幕装置、减压孔板、末端试水装置、集热罩、室内外消火栓、消防水泵接合器、灭火器、消防水炮等安装。

②"水灭火系统"章节适用于一般工业和民用建(构)筑物设置的水灭火系统的管道、各种组件、消火栓、消防水炮等的安装。

③管道安装相关规定:

a. 钢管(法兰连接)定额中包括管件及法兰安装,但管件、法兰数量应按设计图纸用量另行计算,螺栓按设计用量加3%损耗计算。

b. 若设计或规范要求钢管需要镀锌,其镀锌及场外运输费用另行计算。

c. 消火栓管道采用钢管焊接时,定额中包括管件安装,管件依据设计图纸数量及施工方案或者参照第九册《消防安装工程》附录"管道管件数量取定表"另计本身价值。

d. 消火栓管道采用钢管(沟槽连接)时,按水喷淋钢管(沟槽连接)相应定额子目执行。

④有关说明:

a. 报警装置安装项目,定额中已包括装配管、泄放试验管及水力警铃出水管安装,水力警铃进水管按图示尺寸执行管道安装相应子目;其他报警装置适用于雨淋、干湿两用及预作用报警装置。

b. 水流指示器(马鞍型连接)项目,主材中包括胶圈、U形卡。

c. 喷头、报警装置及水流指示器安装定额均按管网系统试压、冲洗合格后安装考虑,定额中已包括丝堵、临时短管的安装、拆除及摊销。

d. 温感式水幕装置安装定额中已包括给水三通至喷头、阀门间的管道、管件、阀门、喷头等全部安装内容,但管道的主材数量按设计管道的中心长度另加损耗计算;喷头数量按设计数量另加损耗计算。

e. 集热罩安装项目,主材中包括所配备的成品支架。

f. 落地组合式消防柜安装,执行室内消火栓相应定额子目,人工费乘以系数1.05。

g. 室外消火栓、消防水泵接合器安装,定额中包括法兰接管及弯管底座(消火栓三通)的安装,本身价值另行计算。

h. 消防水炮及模拟末端装置项目,定额中仅包括本体安装,不包括型钢底座制作安装和混凝土基础砌筑;型钢底座制作安装按第十册《给排水、采暖、燃气安装工程》设备支架制作安装相应子目执行,混凝土基础按《重庆市房屋建筑与装饰工程计价定额》(CQJZZSDE—2018)

相应定额子目执行。

　　i.“水灭火系统”章节不包括消防系统调试配合费用。

　　⑤“水灭火系统”章节不包括以下工作内容：

　　a.阀门、法兰安装，各种套管的制作安装，按第十册《给排水、采暖、燃气安装工程》相应定额子目执行。泵房间管道安装及管道系统强度试验、严密性试验，按第八册《工业管道安装工程》相应定额子目执行。

　　b.室外给水管道安装及水箱制作安装，按第十册《给排水、采暖、燃气安装工程》相应定额子目执行。

　　c.各种消防泵、稳压泵安装及设备二次灌浆，按第一册《机械设备安装工程》相应定额子目执行。

　　d.各种仪表的安装及带电讯号的阀门、水流指示器、压力开关的接线、校线，按第六册《自动化控制仪表安装工程》相应定额子目执行。

　　e.各种设备支架制作安装，按第三册《静置设备与工艺金属结构制作安装工程》相应定额子目执行。

　　f.管道、设备、支架、法兰焊口除锈刷油，按第十一册《刷油、防腐蚀、绝热安装工程》相应定额子目执行。

5.2　气体灭火系统工程

　　气体灭火系统是指平时灭火剂以液体、液化气体或气体状态贮存于压力容器内，灭火时以气体（包括蒸汽、气雾）状态喷射作为灭火介质的灭火系统，如图5.3所示。该灭火系统能在防护区空间内形成各方向均匀的气体浓度，而且至少能保持该灭火浓度达到规范规定的浸渍时间，从而扑灭该防护区的空间立体火灾。

　　气体灭火系统由贮存容器、容器阀、选择阀、液体单向阀、喷嘴和驱动装置组成。

　　气体灭火系统适用于扑灭电气火灾、固体表面火灾、液体火灾、灭火前能切断气源的气体火灾且不适于设置水灭火系统等其他灭火系统的环境中，如高低压配电室、计算机房、重要的图书（档案）馆、移动通信基站（房）、UPS室、电池室、一般柴油发电机房等。气体灭火系统常用的灭火气体有三氟甲烷、二氧化碳、七氟丙烷等。

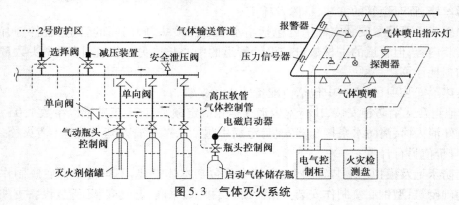

图5.3　气体灭火系统

▶ 5.2.1　气体灭火系统施工图常用图例符号

气体灭火系统除管线外的常用图例符号见表5.4。

表5.4　气体灭火系统常用图例符号

名称	图例	名称	图例
紧急启动/停止组合按钮手动/自动转换开关	SZ	防火阀及通风设备	◥
喷放指示灯	⊗	喷头	↓
启动瓶电磁启动阀	SD	气体控制主机	⊠
自锁压力开关	P	气体灭火模块	CE

▶ 5.2.2　气体灭火系统工程清单工程量计算规则及相关说明

气体灭火系统的工程量清单项目设置、项目特征描述的内容、计量单位及工程量计算规则,应按表5.5的规定执行。

表5.5　气体灭火系统(编码:030902)

项目编码	项目名称	项目特征	计量单位	工程量计算规则	工作内容
030902001	无缝钢管	1. 介质 2. 材质、压力等级 3. 规格 4. 焊接方法 5. 钢管镀锌设计要求 6. 压力试验及吹扫设计要求 7. 管道标识设计要求	m	按设计图示管道中心线以长度计算	1. 管道安装 2. 管件安装 3. 钢管镀锌 4. 压力试验 5. 吹扫 6. 管道标识
030902002	不锈钢管	1. 材质、压力等级 2. 规格 3. 焊接方法 4. 充氩保护方式、部位 5. 压力试验及吹扫设计要求 6. 管道标识设计要求			1. 管道安装 2. 焊口充氩保护 3. 压力试验 4. 吹扫 5. 管道标识
030902003	不锈钢管管件	1. 材质、压力等级 2. 规格 3. 焊接方法 4. 充氩保护方式、部位	个	按设计图示数量计算	1. 管件安装 2. 管件焊口充氩保护

续表

项目编码	项目名称	项目特征	计量单位	工程量计算规则	工作内容
030902004	气体驱动装置管道	1.材质、压力等级 2.规格 3.焊接方法 4.压力试验及吹扫设计要求 5.管道标识设计要求	m	按设计图示管道中心线以长度计算	1.管道安装 2.压力试验 3.吹扫 4.管道标识
030902005	选择阀	1.材质 2.型号、规格 3.连接形式	个	按设计图示数量计算	1.安装 2.压力试验
030902006	气体喷头				喷头安装
030902007	贮存装置	1.介质、类型 2.型号、规格 3.气体增压设计要求	套	按设计图示数量计算	1.贮存装置安装 2.系统组件安装 3.气体增压
030902008	称重检漏装置	1.型号 2.规格			
030903009	无管网气体灭火装置	1.类型 2.型号、规格 3.安装部位 4.调试要求			1.安装 2.调试

注:①气体灭火管道工程量计算,不扣除阀门、管件及各种组件所占长度以延长米计算。

②气体灭火介质包括七氟丙烷灭火系统、IG541灭火系统、二氧化碳灭火系统等。

③气体驱动装置管道安装包括卡、套连接件。

④贮存装置安装包括灭火剂存储器、驱动气瓶、支框架、集流阀、容器阀、单向阀、高压软管和安全阀等贮存装置和阀驱动装置、减压装置、压力指示仪等。

⑤无管网气体灭火系统由柜式预制灭火装置、火灾探测器、火灾自动报警灭火控制器等组成,具有自动控制和手动控制两种启动方式。无管网气体灭火装置安装包括气瓶柜装置(内设气瓶、电磁阀、喷头)和自动报警控制装置(包括控制器,烟、温感,声光报警器,手动报警器,手/自动控制按钮)等。

▶ 5.2.3 气体灭火系统工程定额工程量计算规则及相关说明

1)计算规则

①管道安装按设计图示管道中心线长度计算,不扣除阀门、管件及各种组件所占长度。

②钢制管件连接安装区分规格,按设计图示数量以"个"计算。

③气体驱动装置管道安装,按设计图示管道中心线长度计算。

④选择阀、喷头安装区分规格、连接方式,按设计图示数量以"个"计算。

⑤贮存装置、称重检漏装置、无管网气体灭火装置安装,按设计图示数量以"套"计算。

⑥管网系统试验,按设计图示贮存装置数量以"套"计算。

2）定额说明

①"气体灭火系统"章节内容包括无缝钢管、气体驱动装置管道、选择阀、气体喷头、贮存装置、称重检测装置、无管网气体灭火装置、管网系统试验等安装工程。

②"气体灭火系统"章节适用于工业和民用建筑中设置的七氟丙烷、IG541 二氧化碳灭火系统中的管道、管件、系统装置及组件等的安装。

③"气体灭火系统"章节定额中的无缝钢管、钢制管件、选择阀安装及系统组件试验等适用于七氟丙烷、IG541 二氧化碳灭火系统安装；高压二氧化碳灭火系统安装按"气体灭火系统"章节相应定额子目人工、机械乘以系数 1.2 执行。

④管道及管件安装定额：

a. 中压加厚无缝钢管（法兰连接）定额包括管件及法兰安装，但管件、法兰数量应按设计用量另行计算，螺栓按设计用量加 3% 损耗计算。

b. 若设计或规范要求钢管需要镀锌，其镀锌及场外运输费用另行计算。

⑤有关说明：

a. 气体灭火系统管道若采用不锈钢管、铜管时，管道及管件安装按第八册《工业管道安装工程》相应定额子目执行。

b. 贮存装置安装定额包括灭火剂贮存容器和驱动瓶的安装固定支框架、系统组件（集流管，容器阀，气、液单向阀，高压软管）、安全阀等贮存装置和驱动装置的安装及氮气增压。二氧化碳贮存装置安装不需增压，执行定额时应扣除高纯氮气，其他不变。称重装置价值含在贮存装置设备价中。

c. 二氧化碳称重检漏装置包括泄漏报警开关、配重及支架安装。

d. 管网系统试验包括充氮气工作内容，但氮气费用另行计算。

e. 气体灭火系统调试按第九册《消防安装工程》"消防系统调试"相应定额子目执行。

f. "气体灭火系统"章节阀门安装区分压力按第八册《工业管道安装工程》相应定额子目执行；阀驱动装置与泄漏报警开关的电气接线按第六册《自动化控制仪表安装工程》相应定额子目执行；管道支架的制作安装按第九册《消防安装工程》"其他"相应定额子目执行。

5.3　泡沫灭火系统工程

泡沫灭火系统是通过泡沫比例混合器将泡沫灭火剂与水按比例混合成泡沫混合液，再经泡沫产（发）生装置制成泡沫并喷射到着火对象上实施灭火的系统。当火灾发生时，通过火灾自动报警联动控制或手动控制，在泡沫储液罐里合成泡沫灭火剂，通过管道和喷淋头，将泡沫灭火剂喷射到保护对象上，冷却保护对象表面，隔离空气，达到迅速扑灭火灾的目的。

泡沫灭火系统主要由泡沫消防水泵、泡沫灭火剂贮存装置、泡沫比例混合器（装置）、泡沫产生装置、火灾探测与启动控制装置、阀门及管道等组成，如图 5.4 所示。

泡沫体积与其混合液体积之比称为泡沫发泡倍数。泡沫灭火系统按泡沫发泡倍数可分为低倍数泡沫灭火系统、中倍数泡沫灭火系统和高倍数泡沫灭火系统；按设备安装使用方式可分为固定式泡沫灭火系统、半固定式泡沫灭火系统和移动式泡沫灭火系统。

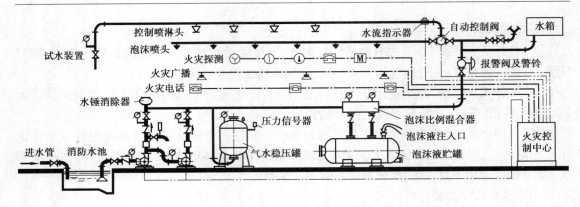

图 5.4　泡沫灭火系统

► 5.3.1　泡沫灭火系统施工常用图例符号

泡沫灭火系统主要部件图例符号见表 5.6。

表 5.6　泡沫灭火系统主要部件图例符号

名称	图形	名称	图形
泡沫比例混合器	▷◁	泡沫产生器	▷
泡沫混合器立管	⊙	泡沫液灌	⊡

► 5.3.2　泡沫灭火系统工程清单工程量计算规则及相关说明

泡沫灭火系统工程量清单项目设置、项目特征描述的内容、计量单位及工程量计算规则，应按表 5.7 的规定执行。

表 5.7　泡沫灭火系统（编码：030903）

项目编码	项目名称	项目特征	计量单位	工程量计算规则	工作内容
030903001	碳钢管	1. 材质、压力等级 2. 规格 3. 焊接方法 4. 无缝钢管镀锌设计要求 5. 压力试验、吹扫设计要求 6. 管道标识设计要求	m	按设计图示管道中心线以长度计算	1. 管道安装 2. 管件安装 3. 无缝钢管镀锌 4. 压力试验 5. 吹扫 6. 管道标识
030903002	不锈钢管	1. 材质、压力等级 2. 规格 3. 焊接方法 4. 充氩保护方式、部位 5. 压力试验、吹扫设计要求 6. 管道标识设计要求			1. 管道安装 2. 焊口充氩保护 3. 压力试验 4. 吹扫 5. 管道标识

项目编码	项目名称	项目特征	计量单位	工程量计算规则	工作内容
030903003	铜管	1. 材质、压力等级 2. 规格 3. 焊接方法 4. 压力试验、吹扫设计要求 5. 管道标识设计要求	m	按设计图示管道中心线以长度计算	1. 管道安装 2. 压力试验 3. 吹扫 4. 管道标识
030903004	不锈钢管管件	1. 材质、压力等级 2. 规格 3. 焊接方法 4. 充氩保护方式、部位	个	按设计图示数量计算	1. 管件安装 2. 管件焊口充氩保护
030903005	铜管管件	1. 材质、压力等级 2. 规格 3. 焊接方法			管件安装
030903006	泡沫发生器	1. 类型 2. 型号、规格 3. 二次灌浆材料	台		1. 安装 2. 调试 3. 二次灌浆
030903007	泡沫比例混合器				
030903008	泡沫液贮罐	1. 质量/容量 2. 型号、规格 3. 二次灌浆材料			

注：①泡沫灭火管道工程量计算，不扣除阀门、管件及各种组件所占长度以延长米计算。

②泡沫发生器、泡沫比例混合器安装，包括整体安装、焊法兰、单体调试及配合管道试压时隔离本体所消耗的工料。

③泡沫液贮罐内如需充装泡沫液，应明确描述泡沫灭火剂品种和规格。

▶ **5.3.3 泡沫灭火系统工程量定额工程量计算规则及相关说明**

1）计算规则

泡沫发生器、泡沫比例混合器安装，区分不同型号，按设计图示数量以"台"计算，法兰和螺栓按设计图纸要求另行计算。

2）定额说明

①"泡沫灭火系统"章节内容包括泡沫发生器、泡沫比例混合器等安装工程。

②有关说明：

a. "泡沫灭火系统"章节定额适用于高、中、低倍数固定式或半固定式泡沫灭火系统的发生器及泡沫比例混合器安装。

b. 泡沫发生器及泡沫比例混合器安装中包括整体安装、焊法兰、单体调试及配合管道试压时隔离本体所消耗的人工和材料，但不包括支架的制作、安装和二次灌浆的工作内容，地脚螺栓按本体带有考虑。

  c.泡沫灭火系统的管道、管件、法兰、阀门、管道支架等的安装及管道系统试压及冲(吹)洗,按第八册《工业管道安装工程》相应定额子目执行。

  d.泡沫发生器、泡沫比例混合器安装定额中不包括泡沫液充装,发生时费用另计。

  e.泡沫液贮罐、设备支架制作安装,按第三册《静置设备与工艺金属结构制作安装工程》相应定额子目执行。

  f.除锈、刷油、保温按第十一册《刷油、防腐蚀、绝热安装工程》相应定额子目执行。

  g.泡沫灭火系统的调试应按批准的施工方案另行计算。

5.4 火灾自动报警系统工程

  火灾自动报警系统能够在火灾初期,将燃烧产生的烟雾、热量、火焰等物理量,通过火灾探测器变成电信号传输到火灾报警控制器,并同时以声或光的形式通知整个楼层疏散。同时,通过控制器及现场接口模块控制建筑物内的公共设备(如广播、电梯)和专用灭火设备(如排烟机、消防泵)并及时采取有效措施,控制器记录火灾发生的部位、时间等,使人们能够及时发现火灾,扑灭初期火灾。现场人员如果发现火情,也可通过安装在现场的手动报警装置或报警电话直接向控制器传输火灾报警信号。火灾自动报警系统能够最大限度地减少因火灾造成的生命和财产损失。火灾自动报警系统框架图如图5.5所示。

  火灾自动报警系统由火灾探测报警系统、消防联动控制系统、火灾预警系统和消防电源监控系统以及其他辅助功能装置组成。

  火灾自动报警系统按应用范围不同可分为区域报警系统、集中报警系统、控制中心报警系统三类。仅需要报警,不需要联动自动消防设备的保护对象宜采用区域报警系统;不仅需要报警,同时需要联动自动消防设备,且只设置一台具有集中控制功能的火灾报警控制器和消防联动控制器的保护对象,应采用集中报警系统,并应设置一个消防控制室;设置两个及以上消防控制室的保护对象,或已设置两个及以上集中报警系统的保护对象,应采用控制中心报警系统。

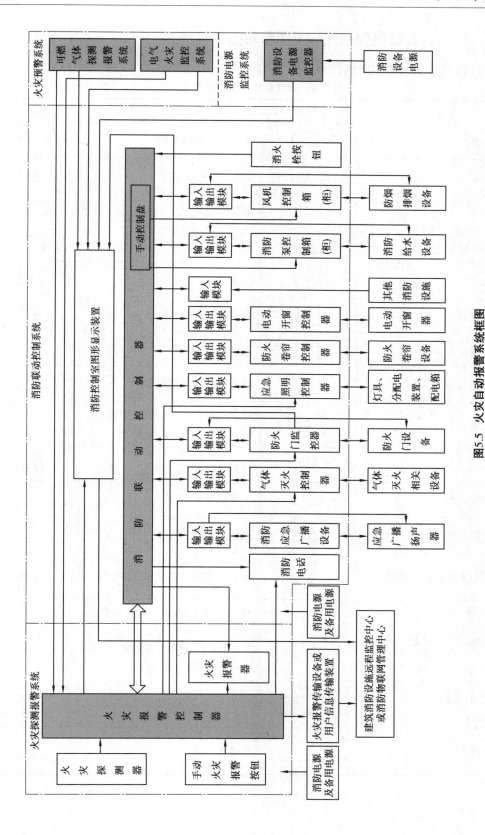

图5.5 火灾自动报警系统框图

▶ **5.4.1 火灾自动报警系统施工图常用图例符号**

火灾自动报警系统常用图例符号见表 5.8。

表 5.8 火灾自动报警系统符号

名称	图形	名称	图形
消防控制中心	⊠	火灾报警控制器置	▭
接线端子箱	XD	防火卷帘控制器	RS
门磁开关	⎍	电动闭门器	EC
输入/输出模块	I/O	输入模块	I
输出模块	O	模块箱	M
点型感温探测器		点型红外火焰探测器	
手动火灾报警按钮		点型感烟探测器	
可燃气体探测器		线型温感火灾探测器	
火灾光报警器		独立式电气火灾监控探测器(测温式)	
火灾警铃		报警电话	
火灾报警发声器		火灾报警扬声器	
火灾声光报警器		火灾光信号装置	
独立式感烟火灾探测报警器		独立式感温火灾探测报警器	
常开防火阀(70 ℃熔断关闭)	70 ℃	常开排烟防火阀(280 ℃熔断关闭) 常闭排烟防火阀(电控开启 280 ℃熔断关闭)	280 ℃ 280 ℃
通信线	—S— S	50 V 以下电源线	—D— D
消防电话线	—F— F	广播线路或音频线	—BC— BC

► 5.4.2 **火灾自动报警系统工程清单工程量计算规则及相关说明**

火灾自动报警系统工程量清单项目设置、项目特征描述的内容、计量单位及工程量计算规则,应按表 5.9 的规定执行。

表 5.9 **火灾自动报警系统(编码:030904)**

项目编码	项目名称	项目特征	计量单位	工程量计算规则	工作内容
030904001	点型探测器	1. 名称 2. 规格 3. 线制 4. 类型	个	按设计图示数量计算	1. 探头安装 2. 底座安装 3. 校接线 4. 编码 5. 探测器调试
030904002	线型探测器	1. 名称 2. 规格 3. 安装方式	m		1. 探测器安装 2. 接口模块安装 3. 报警终端安装 4. 校接线 5. 调试
030904003	按钮	1. 名称 2. 规格	个		1. 安装 2. 校接线 3. 编码 4. 调试
030904004	消防警铃				
030904005	声光报警器				
030904006	消防报警电话插孔(电话)	1. 名称 2. 规格 3. 安装方式	个(部)		
030904007	消防广播(扬声器)	1. 名称 2. 功率 3. 安装方式	个		
030904008	模块(模块箱)	1. 名称 2. 规格 3. 类型 4. 输出形式	个(台)		1. 安装 2. 校接线 3. 编码 4. 调试
030904009	区域报警控制箱	1. 多线制 2. 总线制 3. 安装方式 4. 控制点数量 5. 显示器类型	台		1. 本体安装 2. 校接线、摇测绝缘电阻 3. 排线、绑扎、导线标识 4. 显示器安装 5. 调试
030904010	联动控制箱				
030904011	远程控制箱(柜)	1. 规格 2. 控制回路			

续表

项目编码	项目名称	项目特征	计量单位	工程量计算规则	工作内容
030904012	火灾报警系统控制主机	1. 规格、线制 2. 控制回路 3. 安装方式	台	按设计图示数量计算	1. 安装 2. 校接线 3. 调试
030904013	联动控制主机				
030904014	消防广播及对讲电话主机(柜)				
030904015	火灾报警控制微机(CRT)	1. 规格 2. 安装方式	台		1. 安装 2. 调试
030904016	备用电源及电池主机(柜)	1. 名称 2. 容量 3. 安装方式	套		
030904017	报警联动一体机	1. 规格、线制 2. 控制回路 3. 安装方式	台		1. 安装 2. 校接线 3. 调试

注:①消防报警系统配管、配线、接线盒均应按《通用安装工程工程量计算规范》(GB 50856—2013)附录 D 电气设备安装工程相关项目编码列项。

②消防广播及对讲电话主机包括功放、录音机、分配器、控制柜等设备。

③点型探测器包括火焰、烟感、温感、红外光束、可燃气体探测器等。

▶ 5.4.3 火灾自动报警系统工程定额工程量计算规则及相关说明

1)计算规则

①火灾报警系统安装按设计图示数量计算。

②点型探测器安装按设计图示数量以"只"计算。

③线型探测器安装按设计图示长度以"m"计算。

④按钮安装按设计图示数量以"只"计算。

⑤控制模块安装按设计图示数量以"只"计算。

⑥区域报警控制箱安装,区分安装方式及"点"数的不同,按设计图示数量以"台"计算。

⑦联动控制器安装,区分安装方式及"点"数的不同,按设计图示数量以"台"计算。

⑧火灾报警控制主机安装,区分安装方式及"点"数的不同,按设计图示数量以"台"计算。

⑨联动控制主机安装,区分安装方式及"点"数的不同,按设计图示数量以"台"计算。

⑩报警联动一体机安装,区分安装方式及"点"数的不同,按设计图示数量以"台"计算。

⑪重复显示器(楼层显示器)安装按设计图示数量以"台"计算。

⑫远程控制箱安装,区分控制回路数,按设计图示数量以"台"计算。

⑬消防广播主机安装按设计图示数量以"台"计算。

⑭消防通信系统中的对讲电话主机安装,区分话机数量,按设计图示数量以"台"计算。

2)定额说明

①"火灾自动报警系统"章节内容包括点型探测器、线型探测器、按钮、消防警铃、声光报警器、空气采样型探测器、消防报警电话插孔(电话)、消防广播(扬声器)、消防专用模块(模块箱)、区域报警控制箱、联动控制箱、远程控制箱(柜)、火灾报警系统控制主机、联动控制主机、消防广播及电话主机(柜)、火灾报警控制微机、备用电源及电池主机柜、报警联动控制一体机的安装工程。

②"火灾自动报警系统"章节适用于一般工业和民用建(构)筑物设置的火灾自动报警系统的安装。

③"火灾自动报警系统"章节均包括以下工作内容:

A. 设备和箱、机及元件的搬运,开箱检查,清点,杂物回收,安装就位,接地,密封,箱、机内的校线、接线、压接端头、编码,测试、清洗,记录整理等。

B. 本体调试。

C. 探测器安装包括探头和底座的安装以及本体调试。

D."火灾自动报警系统"章节不包括以下工作内容,发生时按《重庆市通用安装工程计价定额》(CQAZDE—2018)相应册定额子目执行。

a. 设备支架、底座、基础的制作安装。

b. 构件加工、制作。

c. 事故照明及疏散指示控制装置安装。

d. 消防系统应用软件开发。

e. 火警119直播外线电话。

④有关说明:

a. 安装定额中,箱、机是按成套装置编制的;柜式及琴台式按落地式安装相应定额子目执行。

b. 闪灯安装按声光报警器相应定额子目执行。

c. 线型探测器的安装方式按环绕、正弦及直线综合考虑,安装时不分线制及保护形式均执行此定额子目。

d. 按钮包括手动报警按钮、气体灭火启/停按钮、消火栓报警按钮,执行时不得因安装方式不同而调整。

e. 控制模块依据其给出控制信号的数量,分为单输入、多输入、单输出、多输出、单输入单输出、多输入多输出形式,执行时不得因安装方式不同而调整。

f. 区域报警控制箱安装中"点"是指区域报警控制箱所带的有地址编码的报警器件的数量。

g. 联动控制器安装中"点"是指联动控制器所带的控制模块的数量。

h. 火灾报警控制主机安装中"点"是指火灾报警控制主机所带的有地址编码的报警器件的数量。

i. 联动控制主机安装中"点"是指联动控制主机所带的控制模块(接口)的数量。

j. 报警联动一体机安装中"点"是指报警联动一体机所带的有地址编码的报警器件与控制模块(接口)的数量。

⑤电气火灾监控系统有关说明：

a. 报警控制器安装,区分点数,按火灾自动报警控制器安装相应定额子目执行。

b. 探测器模块安装,按输入回路数量执行多输入模块安装定额子目。

c. 剩余电流互感器安装按第四册《电气设备安装工程册》相应定额子目执行。

d. 温度传感器安装按线性探测器安装定额子目执行。

5.5 其他工程量计算

▶ 5.5.1 管道支吊架工程量计算

管道安装中涉及管道支吊架制作安装,其清单工程量计算规则为管道支吊架按设计图示质量以"kg"计算或按设计图示数量以"套"计算,具体清单项参考第3章有关计算规则介绍。

第九册《消防安装工程》"其他"章节中管道支吊架制作安装定额中包括支架、吊架及防晃支架。管道支吊架按设计或规范要求质量以"kg"计算。

▶ 5.5.2 管道除锈工程量计算

在给排水、采暖、燃气工程,通风空调工程及消防工程中会使用金属管道,这些金属材料表面因氧化会产生不同程度的锈蚀,安装时应对锈蚀进行清除,刷防腐漆防止进一步氧化,以延长管道或材料的使用寿命。

除锈工程为刷漆前的一道施工工艺,一般不单独列清单项,应将其定额项套取在相应的清单子目下。

(1)计算公式

钢管除锈工程量按管道(设备筒体)表面展开面积计算,其计算式为:

$$S = \pi \times D \times L \qquad (5.1)$$

式中　π——圆周率;

　　　D——设备或管道直径(内径或外径,也可查表计算);

　　　L——设备筒体高或管道长度。

(2)计算规则

①管道、设备及矩形管道、大型型钢结构、灰面、布面、气柜、玛蹄脂面刷油工程,按设计表面积尺寸以"10 m^2"计算。计算设备筒体、管道表面积时已包括各种管件、阀门、人孔、管口凹凸部分,不再另外计算。

②一般钢结构、管廊钢结构的除锈工程,按设计图示质量以"100 kg"计算。

(3)定额说明

①"除锈工程"章节内容包括金属表面的手工除锈、动力工具除锈、喷射除锈、抛丸除锈及化学除锈等工程。

②各种管件、阀件及设备上人孔、管口凹凸部分的除锈已综合考虑在定额内,不另行计算。

③除锈区分标准:

A.手工、动力工具除锈,锈蚀标准分为轻、中两种。

a.轻锈:已发生锈蚀,并且部分氧化皮已经剥落的钢材表面。

b.中锈:部分氧化皮已锈蚀而剥落,或者可以刮除且有少量点蚀的钢材表面。

B.手工、动力工具除锈过的钢材表面分为 St2 和 St3 两个标准。

a.St2 标准:钢材表面应无可见的油脂和污垢且没有附着不牢的氧化皮、铁锈和油漆涂层等附着物。

b.St3 标准:钢材表面应无可见的油脂和污垢且没有附着不牢的氧化皮、铁锈和油漆涂层等附着物。除锈应比 St2 标准更加彻底,底材显露出的部分表面应具有金属光泽。

C.喷射除锈过的钢材表面分为 3 个标准,即 Sa2,Sa2.5 和 Sa3。

a.Sa2 级:彻底的喷射或抛射除锈。钢材表面无可见的油脂、污垢,并且氧化皮、铁锈和油漆层等附着物已基本清除,其残留物应是牢固附着的。

b.Sa2.5 级:非常彻底的喷射或抛射除锈。钢材表面应无可见的油脂、污垢、氧化皮、铁锈和油漆层等附着物,任何残留的痕迹应仅是点状或条纹状的轻微色斑。

c.Sa3 级:使钢材表面洁净的喷射或抛射除锈。钢材表面应无可见的油脂、污垢、氧化皮、铁锈和油漆层等附着物,该表面应显示均匀的金属色泽。

④关于下列各项费用的规定:

a.手工和动力工具除锈按 St2 标准确定。若变更级别标准,如按 St3 标准,定额乘以系数1.1。

b.喷射除锈按 Sa2.5 级标准确定。若变更级别标准,Sa3 级定额乘以系数 1.1,Sa2 级定额乘以系数 0.9。

c."除锈工程"章节不包括除微锈(微锈标准:氧化皮完全紧附,仅有少量锈点),发生时其工程量执行轻锈定额乘以系数 0.2。

▶ 5.5.3　管道刷油工程量计算

1)刷油工程清单工程量计算规则及相关说明

刷油工程工程量清单项目设置、项目特征描述的内容、计量单位及工程量计算规则,应按表 5.10 的规定执行。

2)刷油工程定额工程量计算规则及相关说明

(1)计算规则

①管道、设备及矩形管道、大型型钢结构、灰面、布面、气柜、玛蹄脂面刷油工程,按设计表面积尺寸以"10 m²"计算。计算设备简体、管道表面积时已包括各种管件、阀门、人孔、管口凹凸部分,不再另行计算。

②一般钢结构、管廊钢结构的刷油工程,按设计图示质量以"100 kg"计算。

(2)定额说明

①"刷油工程"章节内容包括金属管道、设备、通风管道、金属结构与玻璃布面、石棉布面、玛蹄脂面、抹灰面等刷(喷)油漆工程。

②各种管件、阀件和设备上人孔、管口凹凸部分的刷油、防腐已综合考虑在定额内,不另行计算。

表5.10　刷油工程(编码:031201)

项目编码	项目名称	项目特征	计量单位	工程量计算规则	工作内容
031201001	管道刷油	1.除锈级别 2.油漆品种 3.涂刷遍数、漆膜厚度 4.标志色方式、品种	1. m^2 2. m	1.以平方米计量,按设计图示表面积尺寸以面积计算 2.以米计量,按设计图示尺寸以长度计算	1.除锈 2.调配、涂刷
031201002	设备与矩形管道刷油				
031201003	金属结构刷油	1.除锈级别 2.油漆品种 3.结构类型 4.涂刷遍数、漆膜厚度	1. m^2 2. kg	1.以平方米计量,按设计图示表面积尺寸以面积计算 2.以千克计量,按金属结构的理论质量计算	
031201004	铸铁管、暖气片刷油	1.除锈级别 2.油漆品种 3.涂刷遍数、漆膜厚度	1. m^2 2. m	1.以平方米计量,按设计图示表面积尺寸以面积计算 2.以米计量,按设计图示尺寸以长度计算	
031201005	灰面刷油	1.油漆品种 2.涂刷遍数、漆膜厚度 3.涂刷部位	m^2	按设计图示表面积计算	调配、涂刷
031201006	布面刷油	1.布面品种 2.油漆品种 3.涂刷遍数、漆膜厚度 4.涂刷部位			
031201007	气柜刷油	1.除锈级别 2.油漆品种 3.涂刷遍数、漆膜厚度 4.涂刷部位			1.除锈 2.调配、涂刷
031201008	玛蹄脂面刷油	1.除锈级别 2.油漆品种 3.涂刷遍数、漆膜厚度			调配、涂刷
031201009	喷漆	1.除锈级别 2.油漆品种 3.喷涂遍数、漆膜厚度 4.喷涂部位	m^2	按设计图示表面积计算	1.除锈 2.调配、喷涂

注:①管道刷油以米计算,按图示中心线以延长米计算,不扣除附属构筑物、管件及阀门等所占长度。

②涂刷部位:指涂刷表面的部位,如设备、管道等部位。

③结构类型:指涂刷金属结构的类型,如一般钢结构、管廊钢结构、H型钢钢结构等类型。

④设备简体、管道表面积:$S = \pi \times D \times L$,式中,$\pi$为圆周率,$D$为直径,$L$为设备简体高或管道延长米。

⑤设备简体、管道表面积包括管件、阀门、法兰、人孔、管口凹凸部分。

⑥带封头的设备面积:$S = L \times \pi \times D + (D/2) \times \pi \times K \times N$,式中,$K$为1.05,$N$为封头个数。

③刷油工程量金属面不包括除锈工作内容。

④关于下列各项费用的规定：

a.零星刷油（包括色环漆、喷标识、散热器补口等），执行"刷油工程"章节定额相应项目，其人工乘以系数2。

b.刷油和防腐蚀工程按安装地点就地刷（喷）油漆考虑，如安装前管道集中刷油，人工乘以系数0.45（暖气片除外）。如管道安装前集中喷涂，执行刷油子目人工乘以系数0.45，材料乘以系数1.16，增加喷涂机械电动空气压缩机3 m^3/min（其台班消耗量同调整后的合计工日消耗量）。

⑤"刷油工程"章节主材与稀干料可以换算，但人工和材料消耗量不变。

▶ 5.5.4 管道防腐蚀涂料工程工程量计算

1）防腐蚀涂料工程清单工程量计算规则及相关说明

防腐蚀涂料工程工程量清单项目设置、项目特征描述的内容、计量单位及工程量计算规则，应按表5.11的规定执行。

表5.11 防腐蚀涂料工程（编码：031202）

项目编码	项目名称	项目特征	计量单位	工程量计算规则	工作内容
031202001	设备防腐蚀	1.除锈级别 2.涂刷（喷）品种 3.分层内容 4.涂刷（喷）遍数、漆膜厚度	m^2	按设计图示表面积计算	1.除锈 2.调配、涂刷（喷）
031202002	管道防腐蚀		1. m^2 2. m	1.以平方米计量，按设计图示表面积尺寸以面积计算 2.以米计量，按设计图示尺寸以长度计算	
031202003	一般钢结构防腐蚀		kg	按一般钢结构的理论质量计算	
031202004	管廊钢结构防腐蚀			按管廊钢结构的理论质量计算	
031202005	防火涂料	1.除锈级别 2.涂刷（喷）品种 3.涂刷（喷）遍数、漆膜厚度 4.耐火极限（h） 5.耐火厚度（mm）	m^2	按设计图示表面积计算	
031202006	H型钢制钢结构防腐蚀	1.除锈级别 2.涂刷（喷）品种 3.分层内容 4.涂刷（喷）遍数、漆膜厚度			
031202007	金属油罐内壁防静电				

续表

项目编码	项目名称	项目特征	计量单位	工程量计算规则	工作内容
031202008	埋地管道防腐蚀	1. 除锈级别 2. 刷缠品种 3. 分层内容 4. 刷缠遍数	1. m² 2. m	1. 以平方米计量，按设计图示表面积尺寸以面积计算 2. 以米计量，按设计图示尺寸以长度计算	1. 除锈 2. 刷油 3. 防腐蚀 4. 缠保护层
031202009	环氧煤沥青防腐蚀				1. 除锈 2. 涂刷、缠玻璃布
031202010	涂料聚合一次	1. 聚合类型 2. 聚合部位	m²	按设计图示表面积计算	聚合

注：①分层内容：指应注明每一层的内容，如底漆、中间漆、面漆及玻璃丝布等内容。

②如设计要求热固化需注明。

③设备筒体、管道表面积：$S = \pi \times D \times L$，式中，$\pi$ 为圆周率；D 为设备或管道直径；L 为设备筒体高或管道延长米。

④阀门表面积：$S = \pi \times D \times 2.5D \times K \times N$，式中，$K$ 为 1.05，N 为阀门个数。

⑤弯头表面积：$S = \pi \times D \times 1.5D \times 2\pi \times N/B$，式中，$N$ 为弯头个数；B 值取定：90°弯头 $B = 4$；45°弯头 $B = 8$。

⑥法兰表面积：$S = \pi \times D \times 1.5D \times K \times N$，式中，$K$ 为 1.05，N 为法兰个数。

⑦设备、管道法兰翻边面积：$S = \pi \times (D + A) \times A$，式中，$A$ 为法兰翻边宽。

⑧带封头的设备面积：$S = L \times \pi \times D + (D^2/2) \times \pi \times K \times N$，式中，$K$ 为 1.5；N 为封头个数。

⑨计算设备、管道内壁防腐蚀工程量时，当壁厚大于 10 mm 时，按其内径计算；当壁厚小于 10 mm 时，按其外径计算。

2）防腐蚀涂料工程定额工程量计算规则及相关说明

（1）计算公式

①设备筒体、管道表面积计算式为：

$$S = \pi \times D \times L \tag{5.2}$$

式中 　π——圆周率；

　　　D——设备或管道直径；

　　　L——设备筒体高或管道延长米。

②阀门表面积计算式为：

$$S = \pi \times D \times 2.5D \times K \times N \tag{5.3}$$

式中 　π——圆周率；

　　　D——直径；

　　　$K = 1.05$；

　　　N——阀门个数。

③弯头表面积计算式为：

$$S = \pi \times D \times 1.5D \times K \times 2\pi \times N/B \tag{5.4}$$

式中 　π——圆周率；

　　　D——直径；

$K = 1.05$；

N——弯头个数；

B 取定值为：$90°$弯头，$B = 4$；$45°$弯头，$B = 8$。

④法兰表面积计算式为：

$$S = \pi \times D \times 1.5D \times K \times N \tag{5.5}$$

式中　π——圆周率；

D——直径；

$K = 1.05$；

N——法兰个数。

（2）计算规则

①设备、管道、大型型钢钢结构防腐蚀，按设计表面积尺寸以"$10\ m^2$"计算。计算设备筒体、管道表面积时已包括各种管件、阀门、人孔、管口凹凸部分，不再另行计算。

②一般钢结构、管廊钢结构的防腐蚀，按设计图示质量以"$100\ kg$"计算。

③防火涂料、环氧煤沥青防腐蚀，按设计表面积尺寸以"$10\ m^2$"计算。

（3）定额说明

①"防腐蚀涂料工程"章节内容包括设备、管道、金属结构等各种防腐蚀涂料工程。

②防腐工程不包括除锈工作内容。

③涂料配合比与实际设计配合比不同时，可根据设计要求进行换算，其人工、机械消耗量不变。

④"防腐蚀涂料工程"章节聚合热固化是采用蒸汽及红外线间接聚合固化考虑的，如采用其他方法，应按施工方案另行计算。

⑤"防腐蚀涂料工程"章节未包括的新品种涂料，应按相近定额项目执行，其人工、机械消耗量不变。

⑥无机富锌漆底漆执行氯磺化聚乙烯漆，油漆用量进行换算。

⑦如涂刷时需要强行通风，应增加轴流通风机 $7.5\ kW$，其台班消耗量同合计工日消耗量。

▶ 5.5.5　系统调试工程

系统调试就是调整有关组件和设施的参数，使其性能达到国家消防规范的要求，保证火灾时能有效发挥作用的工作过程。系统调试一般分两个阶段进行：第一阶段，各系统单独调试；第二阶段，以自动报警联动系统为主线按照规范要求进行消防系统联动功能整体调试。

第一阶段调试的范围包括各种探测器、报警按钮、报警控制器和气体灭火系统等，由驱动瓶起到管道喷头结束。

第二阶段调试范围包括火灾广播系统、消防通信系统、消防电梯系统、电动防火门、防火卷帘门、正压送风阀、排烟阀、防火阀控制系统和气体灭火系统等，以调试联动系统功能为主要目的。

1）消防系统调试工程量清单计算规则及相关说明

消防系统调试工程量清单项目设置、项目特征描述的内容、计量单位及工程量计算规则，应按表5.12 的规定执行。

表 5.12　消防系统调试(编码:030905)

项目编码	项目名称	项目特征	计量单位	工程量计算规则	工作内容
030905001	自动报警系统装置调试	点数线制	系统	按设计图示数量计算	系统装置调试
030905002	水灭火系统控制装置调试				
030905003	防火控制装置联动调试	1.名称 2.类型	个		调试
030905004	气体灭火系统装置调试	1.试验容器规格 2.气体试喷、二次充药剂设计要求	组	按调试、检验和验收所消耗的试验容器总数计算	1.模拟喷气试验 2.备用灭火器贮存容器切换操作试验 3.气体试喷

注:①自动报警系统包括各种探测器、报警按钮、报警控制器组成的报警系统;按不同点数以系统计算。

②水灭火系统控制装置、自动喷洒系统按水流指示器数量以点(支路)计算;消火栓系统按消火栓起泵按钮数量以点计算;消防水炮系统按水炮数量以点计算。

③防火控制装置,包括电动防火门、防火卷帘门、正压送风阀、排烟阀、防火控制阀等防火控制装置。电动防火门、防火卷帘门、正压送风阀、排烟阀、防火控制阀等调试以个计算,消防电梯以部计算。

④气体灭火系统调试是由七氟丙烷、IG541、二氧化碳等组成的灭火系统装置;按气体灭火系统装置的瓶头阀以点计算。

2)消防系统调试工程定额工程量计算规则及相关说明

(1)计算规则

①自动报警系统调试区分不同点数,按设计图示数量以"系统"计算。

②自动喷水灭火系统调试,按水流指示器数量以"点(支路)"计算。

③消火栓灭火系统调试,按消火栓报警按钮数量以"点"计算。

④消防水炮控制装置系统调试,按水炮数量以"点"计算。

⑤火灾事故广播、消防通信系统调试,按消防广播喇叭及音箱、电话插孔和消防通信的电话分机,按设计图示数量分别以"只"或"部"计算。

⑥防火控制装置调试,按设计图示数量以"点"计算。

⑦气体灭火系统装置调试,区分调试、检验和验收所消耗的试验容量总数计算。

⑧电气火灾监控系统调试,区分模块点数,按设计图示数量以"系统"计算。

(2)定额说明

①"消防系统调试"章节内容包括自动报警系统调试、水灭火控制装置调试、防火控制装置联动调试、气体灭火系统装置调试工程。

②"消防系统调试"章节适用于一般工业与民用建筑项目中的消防工程系统调试。

③有关说明:

a. 系统调试是指消防报警和灭火系统安装完毕且连通,达到国家有关消防施工验收规范、标准后进行的全系统检测、调整和试验。

b. 定额中不包括气体灭火系统调试试验时采取的安全措施,如发生应另行计算。

c. 自动报警系统装置包括各种探测器、手动报警按钮和报警控制器;灭火系统控制装置包括消火栓、自动喷水、七氟丙烷和二氧化碳等固定灭火系统的控制装置。

消防安装工程
定额附录要点

d. 切断非消防电源的点数按执行切除非消防电源的模块数量确定点数。

e. 气体灭火系统调试是由七氟丙烷、IG541、二氧化碳等组成的灭火系统。

f. 电气火灾监控系统调试,按"自动报警系统调试"执行相应定额子目。

5.6　消防工程综合案例

　　本教材综合案例选自某大型房地产商城市综合体一期售房部,工程背景介绍、安装工程施工图、相关说明文件、工程量计算式、工程建模提量、工程组价均完整罗列于电子资料库,请扫描二维码参考学习。

水灭火系统的
识读

气体灭火系统的
识读

泡沫灭火系统的
识读

火灾自动报警
系统的识读

消防工程综合
案例

6

建筑通风空调工程

———————————————————————————————

　　建筑通风通过交换室内外空气的方式，可以创造良好的室内空气条件。利用建筑门窗进行室内通风换气属于自然通风，采用人工方法有组织地进行室内换气属于机械通风。在现代生产生活中，为了达到人们对生产生活的特殊要求，使用通风空调系统可以实现对建筑物内空气湿度、温度、洁净度的全面控制。通过设备将室内被污染的空气高效率地排出至室外，并对室外新鲜空气经过一系列净化、加湿(除湿)、温度调节等处理送入室内来改善空气环境。

1)通风系统

(1)通风系统工作原理

　　按空气流动方式将通风系统分为送风和排风两部分。自然排风如图6.1所示。送风系统是将洁净空气送入室内。以机械送风为例，如图6.2所示，在风机的作用下，室外空气进入进风口，经进气处理设备1、设备2(初级过滤器、净化段)处理达到卫生或工艺要求后，由风管5将洁净的空气分配到各送风口6，送入室内。排风系统的基本功能是排出室内的污染气体，如图6.2所示，在换气风扇7的作用下，将室内污染气体排出室外。

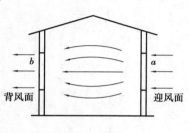

图6.1　自然排风

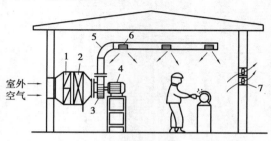

图6.2　机械送风

（2）通风系统分类

通风系统按照流动的动力不同可分为自然通风和机械通风；按照通风系统的作用范围可分为局部通风和全面通风；按照通风系统作用及功能可划分为除尘通风、净化通风、事故通风、消防通风（防排烟通风）和人防通风等。

2）空调系统

（1）空调系统工作原理

空调系统包括送风系统和回风系统。如图6.3所示，在风机的动力作用下，室外空气进入新风口，与一次回风管中回风混合后进入空气处理设备加工，达到使用要求后，在送风机的作用下，由风管输送并分配到各空调房间送风口送入室内。各空调房间内回风口将室内空气吸入并进入回风管（回风管上也可设置风机），一部分回风经排风管排到室外，另一部分回风经回风管（一次回风，二次回风）与新风混合，再次进入空气处理设备处理。

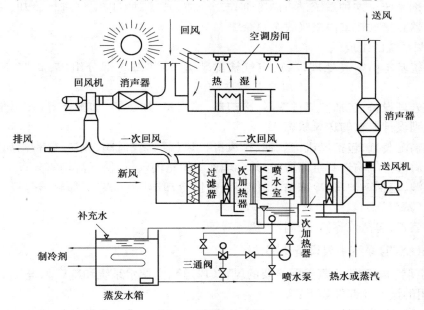

图6.3　通风空调设备工作原理图

（2）空调系统的分类

①按空气处理设备的集中程度分类，分为集中式系统、半集中式系统和分散集中系统3种。

a.集中式系统。空气处理设备（过滤器、加热器、冷却器、加湿器等）及通风机集中设置在空调机房内，空气经处理后，由风道送入各房间。集中式系统便于管理和控制，处理空气量大，常用于工业建筑、公共建筑（如体育馆、剧场、商场）。

b.半集中式系统。集中处理部分或全部风量，然后送往各房间（或各区），在各房间（或各区）再进行处理的系统。如风机盘管加新风系统为典型的半集中式系统。各空调房间可根据需要独立调节室温，房间无人时，可单独关闭室内机组的风机，节省运行费用。半集中式系统主要形式有风机盘管加新风系统和诱导器系统。半集中式系统多用于宾馆、办公楼等民用公共建筑。

c.分散集中式系统(也称局部系统)。将整体组装的空调机组(包括空气处理设备、通风机和制冷设备)直接放在空调房间内的系统。建筑物中只有少数房间需要空调或空调房间较分散时,宜采用分散式空调系统。分散式系统主要用于办公楼、住宅等民用建筑。

②按承担室内负荷的输送介质的不同分类,分为全空气系统、全水系统、空气-水系统和制冷剂系统 4 种。

a.全空气系统。空调房间的冷、热、湿负荷均由集中处理后的空气负担。如定风量或变风量的单风管中式系统、双风管系统、全空气诱导系统等。

b.全水系统。全水系统指空调房间内的冷、热、湿负荷全部由携带冷量或热量的水来负担的空调系统。由于此系统无法解决室内通风换气的问题,因此通常不单独使用此方法。

c.空气-水系统。将前两个系统集合起来,用风和水共同负担空调房间的全部冷、热、湿负荷,如带新风的风机盘管系统。

d.制冷剂系统。这种系统是将制冷剂作为介质,直接对室内空气进行冷却、加热、去湿,系统的蒸发器直接放在室内来吸收余热余湿。

(3)空调系统的组成

空调系统基本由空气处理设备、空气输配装置、冷热源 3 部分组成,此外,还有自控装置等。

①空气处理设备,包括空气过滤器、冷却器、喷水室、加热器、加湿器等,作用是将送入风进行处理达到设计要求的送风状态。

②空气输配装置,包括风机(送、回、排风机)、风(管)道、风阀、风口、各种附属装置等,作用是将处理后的空气输送到空调房间,并合理地组织室内气流,使气流均匀分布。

③冷热源,包括锅炉房、冷冻站等,作用是提供冷却器(喷水室)、加热器等设备所需的冷媒水和热水(蒸汽)。

④自控装置,包括传感器、控制器、执行器等。

3)通风(空调)系统主要设备及部件

通风(空调)系统,除空气输配必要的风管(风道),空调水系统和冷媒系统必要的水(汽)管道外,常用的设备及部件如下:

①热源及制冷设备是空调系统中产生热源和冷源的设备。热源如锅炉、电加热器等;冷源按制冷方式划分,在民用工程中常用的有氟利昂压缩式制冷和溴化锂吸收式制冷两种;冷水机组是空调系统中最常采用的一种压缩式制冷机组。机组的作用是制作冷冻水,供空调机等设备作冷源用。

②排风除尘设备用于净化含有大量灰尘的空气,改善环境卫生条件,回收有用的废料。根据除尘原理不同,排风除尘设备可分为机械式除尘器(如重力沉降室、惯性除尘器、旋风除尘器)、湿式除尘器(如喷淋塔洗涤器、自激式除尘器、水膜除尘器)、过滤式除尘器(如袋式除尘器、颗粒除尘器)和电除尘(如干式除尘器、湿式静电除尘器)。

③空调器是将空气处理设备、风机、冷热源等整体组合在一个箱子中的设备。空调器包括新风机、空气处理机(柜式空调机)、分段组装式空调器、整体式空调机组等。

④风机盘管是中央空调的末端设备装置之一,本身无冷(热)源,由风机和冷却(加热)盘管(即表冷器)组成,当需要"冷气"时,盘管内运行冷冻水;当需要"暖气"时,盘管内运行热水。开动风机,盘管与流经的气流进行热交换,就向出风口送出冷风或热风。

⑤空气过滤器。空调系统中空气净化处理是用过滤器将空气中的悬浮尘埃除去。空气过滤器有粗效、中效、高效 3 种。

⑥通风机是用来迫使空气流动的机械。通风机的主要作用是送风和排风,在通风空调工程中常用的有离心式通风机、轴流式通风机、风帘机。

⑦挡水板是组成喷水室的部件之一,分为前挡水板和后挡水板两种。前挡水板除了挡住喷水过程中可能飞溅起的水滴外,还能使进入喷水室的空气均匀地流过整个断面,因此也称风板或导风板或水风分离器。后挡水板起脱水作用,一般用镀锌钢板或玻璃板制成。

⑧调节阀主要用来调节风量、启动风机或阻止气体倒流、平衡通风系统。安装阀安装于总管、支管或送风口前,常用的形式有蝶阀、对开多叶调节阀、三通调节阀等。

⑨消声器是为了消除管道中风机的噪声,在管路上安装的消声装置。常用的消声器有管式消声器、片式和格式消声器、共振式消声器、复合式消声器等,还有利用风管构件作为消声元件的,如消声弯头。

⑩静压箱是为了便于多根风管汇合连接的一种装置。其通流截面及容积较大,使汇流的风在此降低风速,经充分均匀地混合后流出。其内部贴上消声材料后,又兼有消声功能。

⑪各类风口。风口的作用是按照一定的流速,将一定数量的空气送到用气地点或从排气点排出。风口基本上都是由专业厂家生产,在实际中用得最多的是铝合金风口,其次是柚木和钢板风口。

⑫风帽、罩类及其他。包括风帽、罩类、金属空调器壳体等部件、设备支架、检视门、检查孔、温度测定孔。

6.1　通风空调设备工程

通风空调设备的主要作用是对系统中的空气及混合气体进行加湿加热处理、干燥处理及净化处理。

▶ 6.1.1　通风空调设备常用图例符号

施工图中的设备及管道部件多采用国家标准规定的图例表示。这些简单的图例并不完全反映实物的形象,仅仅是示意性地表示具体设备、管道、部件及配件。各个专业施工图都有各自不同的图例,且有些图例还互相通用。现将通风空调专业常用的图例列出,见表 6.1。

表 6.1　通风空调设备

名称	图例	备注	名称	图例	备注
散热器及手动放气阀	$\overrightarrow{15}$　$\boxed{15}'$　15	左为平面图画法,中为剖面图画法,右为系统图(Y 轴侧)画法	挡水板		—

续表

名称	图例	备注	名称	图例	备注
散热器及温控阀		—	加湿器		—
轴流风机			电加热器		
轴(混)流式管道风机			板式换热器		
离心式管道风机			立式明装风机盘管 卧式明装风机盘管		
吊顶式排气扇			立式暗装风机盘管 卧式暗装风机盘管		
水泵		—	窗式空调器		—
手摇泵		—	分体空调器	室内机 室外机	
变风量末端		—	减震器	⊙ △	左为平面图画法,右为剖面图画法
空调机组加热、冷却盘管		从左到右分别为加热、冷却及双功能盘管	射流诱导风机		—
空气过滤器		从左至右分别为粗效、中效及高效	风机		流向:自三角形的底边至顶点

► **6.1.2 通风空调设备清单工程量计算规则及相关说明**

通风空调设备及部件制作安装工程量清单项目、项目特征描述的内容、计量单位及工程量计算规则,应按表6.2的规定执行。

表 6.2 通风空调设备及部件制作安装(编码:030701)

项目编码	项目名称	项目特征	计量单位	工程量计算规则	工作内容
030701001	空气加热器(冷却器)	1.名称 2.型号 3.规格 4.质量 5.安装形式	台	按设计图示数量计算	1.本体安装、调试 2.设备支架制作、安装 3.补刷(喷)油漆
030701002	除尘设备				
030701003	空调器	1.名称 2.型号 3.规格 4.安装形式 5.质量 6.隔振垫(器)、支架形式、材质	台(组)		1.本体安装或组装、调试 2.设备支架制作、安装 3.补刷(喷)油漆
030701004	风机盘管	1.名称 2.型号 3.规格 4.安装形式 5.减振器、支架形式、材质 6.试压要求	台		1.本体安装、调试 2.设备支架制作、安装 3.试压 4.补刷(喷)油漆
030701005	表冷器	1.名称 2.型号 3.规格			1.本体安装 2.型钢制作、安装 3.过滤器安装 4.挡水板安装 5.调试及运转
030701006	密闭门	1.名称 2.型号 3.规格 4.形式 5.支架形式、材质	个		1.本体制作 2.本体安装 3.支架制作、安装
030701007	挡水板				
030701008	滤水器、溢水盘				
030701009	金属壳体				
030701010	过滤器	1.名称 2.型号 3.规格 4.类型	1.台 2.m²	1.以台计量,按设计图示数量计算 2.以面积计量,按设计图示尺寸以过滤面积计算	1.本体安装 2.框架制作、安装 3.补刷(喷)油漆

续表

项目编码	项目名称	项目特征	计量单位	工程量计算规则	工作内容
030701011	净化工作台	1.名称 2.型号 3.规格 4.类型	台	按设计图示数量计算	1.本体安装 2.补刷(喷)油漆
030701012	风淋室	1.名称 2.型号 3.规格 4.类型 5.质量			
030701013	洁净室				
030701014	除湿机	1.名称 2.型号 3.规格 4.类型			本体安装
030701015	人防过滤吸收器	1.名称 2.规格 3.形式 4.材质 5.支架形式、材质			1.过滤吸收器安装 2.支架制作、安装

注:通风空调设备安装的地脚螺栓按设备自带考虑。

▶ 6.1.3 通风空调设备定额工程量计算规则及相关说明

1)计算规则

①空气加热器(冷却器)安装,按设计图示数量以"台"计算。

②除尘设备安装,按设计图示数量以"台"计算。

③空调器安装,按设计图示数量以"台"计算。

④风机盘管安装,按设计图示数量以"台"计算。

⑤VAV变风量末端装置安装,按设计图示数量以"台"计算。

⑥分段组装式空调器安装,按设计图示质量以"kg"计算。

⑦钢板密闭门制作安装,按设计图示尺寸质量以"个"计算。

⑧挡水板安装,按设计图示尺寸空调器断面面积以"m²"计算。

⑨滤水器、溢水盘、电加热器外壳、金属空调器壳体制作安装,按设计图示尺寸质量以"kg"计算。非标准部件制作安装按成品质量计算。

⑩过滤器框架制作,按设计图示尺寸质量以"kg"计算。

⑪高、中、低效过滤器安装,净化工作台、风淋室安装,按设计图示数量以"台"计算。

⑫多联式空调机室外机依据制冷量,按设计图示数量以"台"计算。

⑬通风机安装依据不同形式、规格,按设计图示数量以"台"计算。风机箱安装,按设计图

示数量以"台"计算。

⑭设备支架制作安装,按设计图示尺寸质量以"kg"计算。

⑮空气幕按设计图示数量以"台"计算。

⑯过滤吸收器、预滤器、除湿器等安装,按设计图示数量以"台"计算。

⑰多联机铜管安装,按设计图示管道中心线长度计算,不扣除阀门、管件及各种组件所占的长度。

2)定额说明

①通风机安装子目内包括电动机安装,适用于碳钢、不锈钢、塑料通风机安装。

②有关说明:

a. VAV变风量末端适用于单风道末端和双风道末端装置,风机动力型变风量末端装置乘以系数1.1。

b.诱导器安装按风机盘管相应定额子目执行。

c.清洗槽、浸油槽、晾干架、LWP滤尘器支架制作、安装按第七册《通风空调安装工程》A.14.8"设备支架制作、安装"相应定额子目执行。

d.玻璃钢和PVC挡水板按钢板挡水板相应定额子目执行。

e.洁净室安装按分段组装式空调器相应定额子目执行。

f.低效过滤器包括MA型、WL型、LWP型等系列。

g.中效过滤器包括ZKL型、YB型、M型、ZX-I型等系列。

h.高效过滤器包括GB型、GS型、JX-20型等系列。

i.净化工作台包括XHK型、BZK型、SXP型、SZP型、SZX型、SW型、SZ型、SXZ型、TJ型、CJ型等系列。

j.空气幕的支架制作、安装按第七册《通风空调安装工程》A.14.8"设备支架制作、安装"相应定额子目执行。

k.通风空调设备的电气接线按第四册《电气设备安装工程》相应定额子目执行。

l.多联机铜管冷媒充注量以多联机生产厂家样板或技术文件规定的冷媒充注计算公式为准按实计算,以"kg"为计量单位。

m.多联机室内机(卡式嵌入式)面板安装按同规格百叶风口安装定额子目执行。

n.分体空调按相应多联机定额子目执行。

6.2 一般通风管道安装工程

通风管道是通风空调系统的重要组成部分,风管将气体输送至指定空间。风管按不同材质分为金属风管和非金属风管。此外,建筑工程中还有由砖、混凝土构成的风道等。

▶ 6.2.1 通风管道常用图例符号

通风与空调工程施工图通常按照《暖通空调制图标准》(GB/T 50114—2010)规定进行绘制,但也有一些设计单位仍按照习惯画法绘图,在识读图纸时应予以注意。图纸是由图例符号绘制而成的,在读懂了原理图之后,还要结合设计施工说明及有关施工验收规范,考虑如何进行安装。

1）管路代号

通风空调系统管道输送的介质一般为水、蒸汽、空气。为了区别各种不同性质的管道,可通过线型和代号来区分水气管道,在图纸标识中通常用管道名称的汉语拼音字头作符号来表示,见表6.3。

表6.3 管路代号

序号	代号	管道名称	序号	代号	管道名称
1	SF	送风管	10	LG	空调冷水供水管
2	HF	回风管	11	LH	空调冷水回水管
3	PF	排风管	12	KRG	空调热水供水管
4	XF	新风管	13	KRH	空调热水回水管
5	P(Y)	消防排烟风管或排风排烟共用风管	14	LRG	空调冷、热水供水管
6	ZY	加压送风管	15	LRH	空调冷、热水回水管
7	XB	消防补风管	16	LQG	空调冷却水供水管
8	S(B)	送风兼消防补风风管	17	LQH	空调冷却水回水管
9	n	空调冷凝水管	18	LM	冷媒管

此外,在图纸中,如仅有一种管路或同一图上的大多数管路相同时,其符号可略去不标,但须在图纸中加以说明。

2）系统编号

在同一设计图中,同时有供暖、通风与空调等两个及以上的不同系统时,应进行系统编号。暖通空调系统编号、入口编号应由系统代号和顺序号组成。系统代号用大写拉丁字母表示,见表6.4。顺序号用阿拉伯数字表示,如图6.4(a)所示。当系统出现分支时,可采用图6.4(b)表示。

表6.4 系统代号

序号	字母代号	系统名称	序号	字母代号	系统名称
1	N	(室内)供暖系统	9	H	回风系统
2	L	制冷系统	10	P	排风系统
3	P	热力系统	11	XP	新风换气系统
4	K	空调系统	12	JY	加压送风系统
5	J	净化系统	13	PY	排烟系统
6	C	除尘系统	14	P(PY)	排风兼排烟系统
7	S	送风系统	15	RS	人防送风系统
8	X	新风系统	16	RP	人防排风系统

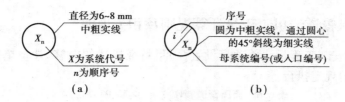

图 6.4　系统代号、编号标注

竖向标注的垂直管道系统应标注立管号,在不引起误解时可只标注序号,但应与建筑物轴线编号有明显区别,如图 6.5 所示。

图 6.5　立管号标注方法

3)通风空调专业风管常用图例

常用风管截面尺寸有矩形和圆形两种。图纸上的尺寸标注,圆形风管以外径为准,矩形风管以外边长为准。在此仅介绍常用风管图例,见表 6.5。

表 6.5　风管及附件

图形符号	名称	备注	图形符号	名称	备注
× / φ***	矩形风管 圆形风管	宽×高(mm) φ直径(mm)		风管上升摇手弯 风管下降摇手弯	—
	风管向上 风管向下	—		带导流片弯头	—
	异径管	—		消声弯头	—
	异形管 (天圆地方)	左接矩形风管,右接圆形风管		圆形三通	—
	软风管	—		矩形三通	—
	圆弧形弯头	—		风管测定孔	—

► **6.2.2 通风管道清单工程量计算规则及相关说明**

通风管道制作安装工程量清单项目设置、项目特征描述的内容、计量单位及工程量计算规则,应按表6.6的规定执行。

表6.6 通风管道制作安装(编码:030702)

项目编码	项目名称	项目特征	计量单位	工程量计算规则	工作内容
030702001	碳钢通风管道	1. 名称 2. 材质 3. 形状 4. 规格	m²	按设计图示内径尺寸以展开面积计算	1. 风管、管件、法兰零件、支吊架制作、安装 2. 过跨风管落地支架制作、安装
030702002	净化通风管道	5. 板材厚度 6. 管件、法兰等附件及支架设计要求 7. 接口形式			
030702003	不锈钢板通风管道	1. 名称 2. 形状			1. 风管、管件、法兰、零件、支吊架制作、安装 2. 过跨风管落地支架制作、安装
030702004	铝板通风管道	3. 规格 4. 板材厚度 5. 管件、法兰等附件及支架设计要求			
030702005	塑料通风管道	6. 接口形式			
030702006	玻璃钢通风管道	1. 名称 2. 形状 3. 规格 4. 板材厚度 5. 支架形式、材质 6. 接口形式			1. 风管、管件安装 2. 支吊架制作、安装 3. 过跨风管落地支架制作、安装
030702007	复合型风管	1. 名称 2. 材质 3. 形状 4. 规格 5. 板材厚度 6. 接口形式 7. 支架形式、材质	m²	按设计图示外径尺寸以展开面积计算	1. 风管、管件安装 2. 支吊架制作、安装 3. 过跨风管落地支架制作、安装
030702008	柔性软风管	1. 名称 2. 材质 3. 规格 4. 风管接头、支架形式、材质	1. m 2. 节	1. 以米计量,按设计图示中心线以长度计算 2. 以节计量,按设计图示数量计算	1. 风管安装 2. 风管接头安装 3. 支吊架制作、安装

项目编码	项目名称	项目特征	计量单位	工程量计算规则	工作内容
030702009	弯头导流叶片	1.名称 2.材质 3.规格 4.形式	1.m² 2.组	1.以面积计量,按设计图示以展开面积平方米计算 2.以组计量,按设计图示数量计算	1.制作 2.组装
030702010	风管检查孔	1.名称 2.材质 3.规格	1.kg 2.个	1.以千克计量,按风管检查孔质量计算 2.以个计量,按设计图示数量计算	1.制作 2.安装
030702011	温度、风量测定孔	1.名称 2.材质 3.规格 4.设计要求	个	按设计图示数量计算	1.制作 2.安装

注:①风管展开面积,不扣除检查孔、测定孔、送风口、吸风口等所占面积;风管长度一律以设计图示中心线长度为准(主管与支管以其中心线交点划分),包括弯头、三通、变径管、天圆地方等管件的长度,但不包括部件所占的长度。风管展开面积不包括风管、管口重叠部分面积。风管渐缩管:圆形风管按平均直径;矩形风管按平均周长。

②穿墙套管按展开面积计算,计入通风管道工程量中。

③通风管道的法兰垫料或封口材料,按图纸要求应在项目特征中描述。

④净化通风管的空气洁净度按 100000 级标准编制,净化通风管使用的型钢材料如要求镀锌时,工作内容应注明支架镀锌。

⑤弯头导流叶片数量,按设计图纸或规范要求计算。

⑥风管检查孔、温度测定孔、风量测定孔数量,按设计图纸或规范要求计算。

风管及管件在风管系统中的形状及组合情况如图 6.6 和图 6.7 所示,圆形、矩形直管风管及管件(配件)如图 6.8 所示,展开面积计算公式如下:

圆形风管展开面积

$$F = \pi DL \tag{6.1}$$

矩形风管展开面积

$$F = 2L(A + B) \tag{6.2}$$

式中　π——圆周率;

　　　D——圆形风管外径;

　　　L——风管长度(包括管件长度);

　　　A,B——矩形风管边长。

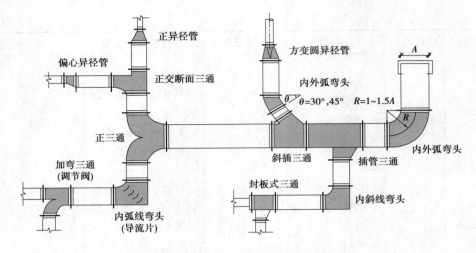

图6.6　矩形风管管件形状示意图

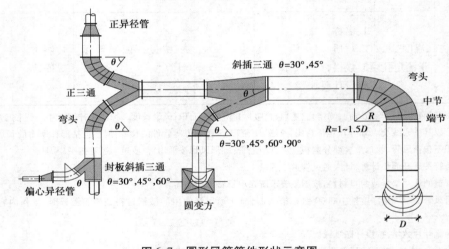

图6.7　圆形风管管件形状示意图

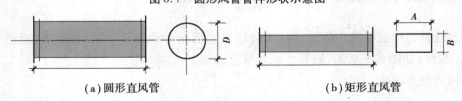

（a）圆形直风管　　　　　　　　　　（b）矩形直风管

图6.8　直风管

▶ 6.2.3　通风管道定额工程量计算规则及相关说明

1）计算规则

①薄钢板风管、净化风管、不锈钢风管、铝板风管、塑料风管、玻璃钢风管、复合型风管，按设计图示规格展开面积以"m²"计算，不扣除检查孔、测定孔、送风口、吸风口等所占面积。风管展开面积不计算风管、管口重叠部分面积。

②薄钢板风管、净化风管、不锈钢风管、铝板风管、塑料风管、玻璃钢风管、复合型风管长

度计算时,均以设计图示中心线长度(主管与支管以其中心线交点划分)计算,包括弯头、变径管、天圆地方等管件的长度,不包括部件所占长度。

③柔性软风管安装,按设计图示中心线长度以"m"计算;柔性软风管阀门安装,按设计图示数量以"个"计算。

④弯头导流叶片制作安装,按设计图示叶片的面积以"m²"计算。

⑤风管检查孔制作安装,按设计图示尺寸质量以"kg"计算。

⑥温度、风量测定孔制作安装依据其型号,按设计图示数量以"个"计算。

2)定额说明

(1)下列费用可按系数分别计取

①薄钢板风管整个通风系统设计采用渐缩管均匀送风者,圆形风管按平均直径、矩形风管按平均周长参照相应规格子目,其人工乘以系数2.5。

②如制作空气幕送风管时,按矩形风管平均周长执行相应风管规格子目,其人工乘以系数3,其余不变。

(2)有关说明

①薄钢板风管、净化风管、不锈钢风管、铝板风管、塑料风管、玻璃钢风管、复合型风管长度计算时,均以设计图示中心线长度(主管与支管以其中心线交点划分),包括弯头、交叉或分隔三通、交叉或分隔四通、变径管、天圆地方等管件的长度,不包括部件所占长度。

②镀锌薄钢板风管子目中的板材是按镀锌薄钢板编制的,如设计要求不用镀锌薄钢板时,板材可以换算,其他不变。

③风管导流叶片不分单叶片和香蕉形双叶片,均执行同一子目。

④薄钢板通风管道、净化通风管道、复合型风管制作安装子目中,包括弯头、三通、变径管、天圆地方等管件及法兰、加固框和吊托支架的制作安装,但不包括过跨风管落地支架,落地支架制作安装按第七册《通风空调安装工程》A.14.8"设备支架制作、安装"相应定额子目执行。

⑤薄钢板风管子目中的板材,如设计要求厚度不同时可以换算,人工、机械不变。

⑥净化风管、不锈钢板风管、铝板风管、塑料风管子目中的板材,如设计厚度不同时可以换算,人工、机械不变。

⑦净化圆形风管制作安装按"通风管道制作、安装"章节矩形风管制作安装相应定额子目执行。

⑧净化风管涂密封胶按全部口缝外表面涂抹考虑。如设计要求口缝不涂抹而只在法兰处涂抹时,每10 m² 风管应减去密封胶1.5 kg和人工0.37 工日。

⑨净化风管及管件制作安装子目中,型钢未包括镀锌费,如设计要求镀锌时,应另加镀锌费。

⑩净化通风管道子目按空气洁净度100000级编制。

⑪不锈钢风管咬口连接制作安装按"通风管道制作、安装"章节镀锌薄钢板风管法兰连接相应定额子目执行。法兰材质可按实换算。

⑫不锈钢板风管、铝板风管制作安装子目中包括管件,但不包括法兰和吊托支架。法兰和吊托支架应单独列项计算,按相应定额子目执行。

⑬塑料风管、复合型风管制作安装子目规格所表示的直径为内径,周长为内周长。

⑭塑料风管制作安装子目中包括管件、法兰、加固框,但不包括吊托支架制作安装,吊托支架按第七册《通风空调安装工程》A.14.8"设备支架制作、安装"相应定额子目执行。

⑮塑料风管制作安装子目中的法兰垫料如与设计要求使用品种不同时可以换算,但人工不变。

⑯塑料风管管件制作的胎具摊销材料费未包括在内,按以下规定另行计算:

a. 风管工程量在 30 m² 以上的,每 10 m² 风管的胎具摊销木材为 0.06 m³,按材料价格计算胎具材料摊销费。

b. 风管工程量在 30 m² 以下的,每 10 m² 风管的胎具摊销木材为 0.09 m³,按材料价格计算胎具材料摊销费。

⑰玻璃钢风管及管件以图示工程量加损耗计算,按外加工订做考虑。

⑱子目中的法兰垫料按橡胶板编制,如与设计要求使用的材料品种不同时可以换算,但人工不变。使用泡沫塑料者,每 1 kg 橡胶板换算为泡沫塑料 0.125 kg;使用闭孔乳胶海绵者,每 1 kg 橡胶板换算为闭孔乳胶海绵 0.5 kg。

⑲柔性软风管适用于由金属、涂塑化纤织物、聚酯、聚乙烯、聚氯乙烯薄膜、铝箔等材料制成的软风管。

⑳定额中镀锌薄钢板风管表面不刷油防腐时,其支吊架、法兰、加固框刷油防腐工程量按定额未计价中的型钢消耗量除以 1.04 作为刷油防腐的工程量。

▶ 6.2.4 通风管道工程案例

【例 6.1】 如图 6.9 所示为某通风空调系统部分管道平面图,图示长度尺寸以 mm 为单位,采用矩形镀锌铁皮风管咬口连接,板厚均为 1.0 mm,试计算该风管的定额工程量。(工程量保留两位小数)

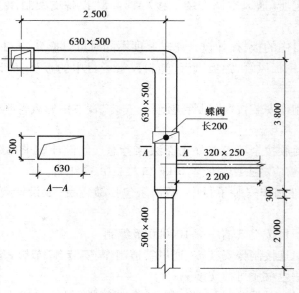

图 6.9 管道平面图

解 该通风空调工程风管的定额工程量计算见表6.7。

表6.7 风管定额工程量计算表

序号	定额编号	项目名称及特征	单位	数量	计算式
1	CG0152	镀锌铁皮风管 630 mm × 500 mm	10 m²	1.41	$L_1 = 2.5 + 3.8 - 0.2 + 0.15 = 6.25(m)$ $F_1 = 2 \times (0.63 + 0.5) \times 6.25 = 14.125(m^2)$
2	CG0152	镀锌铁皮风管 500 mm × 400 mm	10 m²	0.39	$L_2 = 2 + 0.15 = 2.15(m)$ $F_2 = 2 \times (0.5 + 0.4) \times 2.15 = 3.87(m^2)$
3	CG0150	镀锌铁皮风管 320 mm × 250 mm	10 m²	0.27	$L_3 = 2.2 + 0.63/2 = 2.515(m)$ $F_3 = 2 \times (0.32 + 0.25) \times 2.515 = 2.867(m^2)$
4	CG0299	风管蝶阀 630 mm × 500 mm	个	1	

6.3 通风空调部件

通风空调部件是指通风、空调系统中各类风口、阀门、排气罩、风帽以及检视门、支吊架等。

▶ 6.3.1 通风空调常用部件图例符号

通风空调系统部件有很多,常用部件图例符号见表6.8,常用风口和附件代号见表6.9。

表6.8 通风空调部件

图形符号	名称	备注	图形符号	名称	备注
	方形风口			三通调节阀	—
	矩形风口	—			
	圆形风口				
	侧向风口	—		消声器	
	风管软接头	—		消声静压箱	—

续表

图形符号	名称	备注	图形符号	名称	备注
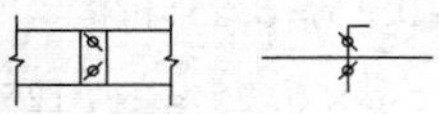	对叶多开口调节阀	—		检修门	—
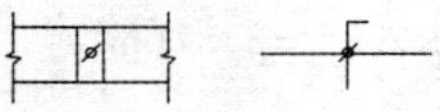	蝶阀	—	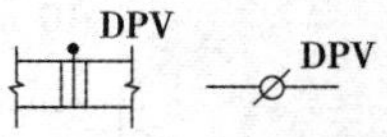 DPV	余压阀	—
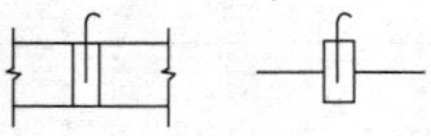	插板阀	—	 ↑	防雨罩	—
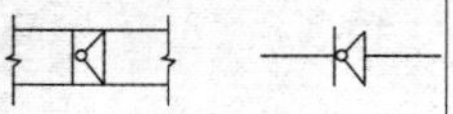	止回风阀	—		气流方向	左为通用表示法,中为送风,右为回风
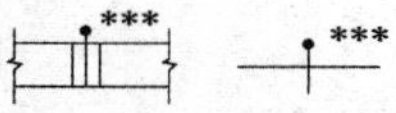 ***	防火防烟阀	***表示防烟、防火阀名称代号	B	远程手控盒	防排烟用
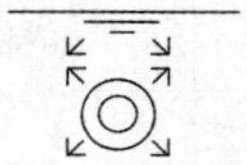	圆形散流器	上图为剖面 下图为平面	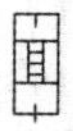	百叶窗	—
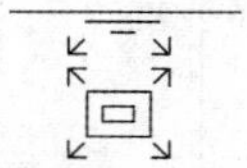	方形散流器	上图为剖面 下图为平面			

表6.9 风口和附件代号

序号	代号	图例	备注	序号	代号	图例	备注
1	AV	单层格榻风口,叶片垂直	—	15	H	百叶回风口	—
2	AH	单层格杨风口,叶片水平	—	16	HH	门铰形百叶回风口	—
3	BV	双层格杨风口,前组叶片垂直	—	17	J	喷口	—
4	BH	双层格棚风口,前组叶片水平	—	18	SD	旋流风口	—
5	C*	矩形散流器,*为出风面数量	—	19	K	蛋格形风口	—
6	DF	圆形平面散流器	—	20	KH	门铰形蛋格式回风口	—
7	DS	圆形凸面散流器	—	21	L	花板回风口	—
8	DP	圆盘形散流器	—	22	CB	自垂百叶	—
9	DX*	圆形斜片散流器,*为出风面数量	—	23	N	防结露送风口	冠于所用类型风口代号前
10	DH	圆环形散流器	—	24	T	低温送风口	冠于所用类型风口代号前
11	E*	条缝形风口,*为条缝数	—	25	W	防雨百叶	—
12	F*	细叶形斜出风散流器,*为出风面数	—	26	B	带风口风箱	—
13	FH	门铰形细叶回风口	—	27	D	带风阀	—
14	G	扁叶形直出风散流器	—	28	F	带过滤网	—

► **6.3.2　通风空调管道部件清单工程量计算规则及相关说明**

通风管道部件制作安装工程量清单项目设置、项目特征描述的内容、计量单位及工程量计算规则,应按表6.10的规定执行。

表6.10　通风管道部件制作安装(编码:030703)

项目编码	项目名称	项目特征	计量单位	工程量计算规则	工作内容
030703001	碳钢阀门	1.名称 2.型号 3.规格 4.质量 5.类型 6.支架形式、材质	个	按设计图示数量计算	1.阀体制作 2.阀体安装 3.支架制作、安装
030703002	柔性软风管阀门	1.名称 2.规格 3.材质 4.类型			阀体安装
030703003	铝蝶阀	1.名称 2.规格 3.质量 4.类型			
030703004	不锈钢蝶阀				
030703005	塑料阀门	1.名称 2.型号 3.规格 4.类型			
030703006	玻璃钢蝶阀				
030703007	碳钢风口、散流器、百叶窗	1.名称 2.型号 3.规格 4.质量 5.类型 6.形式	个	按设计图示数量计算	1.风口制作、安装 2.散流器制作、安装 3.百叶窗安装

续表

项目编码	项目名称	项目特征	计量单位	工程量计算规则	工作内容
030703008	不锈钢风口、散流器、百叶窗	1. 名称 2. 型号 3. 规格 4. 质量 5. 类型 6. 形式	个	按设计图示数量计算	1. 风口制作、安装 2. 散流器制作、安装 3. 百叶窗安装
030703009	塑料风口、散流器、百叶窗				
030703010	玻璃钢风口	1. 名称 2. 型号 3. 规格 4. 类型 5. 形式			风口安装
030703011	铝及铝合金风口、散流器	1. 名称 2. 型号 3. 规格 4. 类型 5. 形式			1. 风口制作、安装 2. 散流器制作、安装
030703012	碳钢风帽	1. 名称 2. 规格 3. 质量 4. 类型 5. 形式 6. 风帽筝绳、泛水设计要求			1. 风帽制作、安装 2. 筒形风帽滴水盘制作、安装 3. 风帽筝绳制作、安装 4. 风帽泛水制作、安装
030703013	不锈钢风帽				
030703014	塑料风帽				
030703015	铝板伞形风帽				1. 板伞形风帽制作、安装 2. 风帽筝绳制作、安装 3. 风帽泛水制作、安装
030703016	玻璃钢风帽				1. 玻璃钢风帽安装 2. 筒形风帽滴水盘安装 3. 风帽筝绳安装 4. 风帽泛水安装
030703017	碳钢罩类	1. 名称 2. 型号 3. 规格 4. 质量 5. 类型 6. 形式			1. 罩类制作 2. 罩类安装
030703018	塑料罩类				

续表

项目编码	项目名称	项目特征	计量单位	工程量计算规则	工作内容
030703019	柔性接口	1. 名称 2. 规格 3. 材质 4. 类型 5. 形式	m²	按设计图示尺寸以展开面积计算	1. 柔性接口制作 2. 柔性接口安装
030703020	消声器	1. 名称 2. 规格 3. 材质 4. 形式 5. 质量 6. 支架形式、材质	个	按设计图示数量计算	1. 消声器制作 2. 消声器安装 3. 支架制作安装
030703021	静压箱	1. 名称 2. 规格 3. 形式 4. 材质 5. 支架形式、材质	1. 个 2. m²	1. 以个计量,按设计图示数量计算 2. 以平方米计量,按设计图示尺寸以展开面积计算	1. 静压箱制作、安装 2. 支架制作、安装
030703022	人防超压自动排气阀	1. 名称 2. 型号 3. 规格 4. 类型	个	按设计图示数量计算	安装
030703023	人防手动密闭阀	1. 名称 2. 型号 3. 规格 4. 支架形式、材质			1. 密闭阀安装 2. 支架制作、安装
030703024	人防其他部件	1. 名称 2. 型号 3. 规格 4. 类型	个(套)		安装

注:①碳钢阀门包括空气加热器上通阀、空气加热器旁通阀、圆形瓣式启动阀、风管蝶阀、风管止回阀、密闭式斜插板阀、矩形风管三通调节阀、对开多叶调节阀、风管防火阀、各型风罩调节阀等。

②塑料阀门包括塑料蝶阀、塑料插板阀、各型风罩塑料调节阀。

③碳钢风口、散流器、百叶窗包括百叶风口、矩形送风口、矩形空气分布器、风管插板风口、旋转吹风口、圆形散流器、方形散流器、流线型散流器、送吸风口、活动算式风口、网式风口、钢百叶窗等。

④碳钢罩类包括皮带防护罩、电动机防雨罩、侧吸罩、中小型零件焊接台排气罩、整体分组式槽边侧吸罩、吹吸式槽边通风罩、条缝槽边抽风罩、泥心烘炉排气罩、升降式回转排气罩、上下吸式圆形回转罩、升降式排气罩、手锻炉排气罩。

⑤塑料罩类包括塑料槽边侧吸罩、塑料槽边风罩、塑料条缝槽边抽风罩。

⑥柔性接口包括金属、非金属软接口及伸缩节。

⑦消声器包括片式消声器、矿棉管式消声器、聚酯泡沫管式消声器、卡普隆纤维管式消声器、弧形声流式消声器、阻抗复合式消声器、微穿孔板消声器、消声弯头。

⑧通风部件如图纸要求制作安装或用成品部件只安装不制作,这类特征在项目特征中应明确描述。

⑨静压箱的面积计算:按设计图示尺寸以展开面积计算,不扣除开口的面积。

► 6.3.3 通风空调管道部件定额工程量计算规则及相关说明

1)工程量计算

①碳钢调节阀安装,依据其类型、直径(圆形)或周长(方形),按设计图示数量以"个"计算。

②柔性软风管阀门安装,按设计图示数量以"个"计算。

③碳钢各种风口、散流器的安装,依据类型、规格尺寸,按设计图示数量以"个"计算。

④钢百叶窗及活动金属百叶风口安装,依据规格尺寸,按设计图示数量以"个"计算。

⑤塑料通风管道柔性接口及伸缩节制作安装,应根据连接方式,按设计图示尺寸展开面积以"m²"计算。

⑥塑料通风管道分布器、散流器的制作安装,按其成品质量以"kg"计算。

⑦塑料通风管道风帽、罩类的制作,均按其质量以"kg"计算;非标准罩类制作,按成品质量以"kg"计算。罩类为成品安装时不再计算制作。

⑧不锈钢板风管圆形法兰制作,按设计图示尺寸质量以"kg"计算。

⑨不锈钢板风管吊托支架制作安装,按设计图示尺寸质量以"kg"计算。

⑩铝板圆伞形风帽、铝板风管圆、矩形法兰制作,按设计图示尺寸质量以"kg"计算。

⑪碳钢风帽的制作安装,均按其质量以"kg"计算;非标准风帽制作安装,按成品质量以"kg"计算。当风帽为成品安装时不再计算制作。

⑫碳钢风帽筝绳制作安装,按设计图示规格长度对应的质量以"kg"计算。

⑬碳钢风帽泛水制作安装,按设计图示尺寸展开面积以"m²"计算。

⑭碳钢风帽滴水盘制作安装,按设计图示尺寸质量以"kg"计算。

⑮玻璃钢风帽安装,依据成品质量,按设计图示数量以"kg"计算。

⑯罩类的制作安装,均按其质量以"kg"计算;非标准罩类制作安装,按成品质量以"kg"计算。罩类为成品安装时不再计算制作。

⑰微穿孔板消声器、管式消声器、阻抗式消声器成品安装,按设计图示数量以"节"计算。

⑱消声弯头安装,按设计图示数量以"个"计算。

⑲软管(帆布)接口制作安装,按设计图示尺寸展开面积以"m²"计算。

⑳消声静压箱安装,按设计图示数量以"个"计算。

㉑静压箱制作安装,按设计图示尺寸展开面积以"m²"计算。

㉒人防通风机安装,按设计图示数量以"台"计算。

㉓人防各种调节阀制作安装,按设计图示数量以"个"计算。

㉔LWP 型滤尘器制作安装,按设计图示尺寸面积以"m²"计算。

㉕探头式含磷毒气及 γ 射线报警器安装,按设计图示数量以"台"计算。

㉖密闭穿墙管制作安装,按设计图示数量以"个"计算;密闭穿墙管填塞,按设计图示数量以"个"计算。

㉗测压装置安装,按设计图示数量以"套"计算。

㉘换气堵头安装,按设计图示数量以"个"计算。

㉙波导窗安装,按设计图示数量以"个"计算。

2)定额说明

(1)下列费用按系数分别计取

①电动密闭阀安装执行手动密闭阀子目,人工乘以系数 1.05。

②手(电)动密闭阀安装子目包括一副法兰、两副法兰螺栓及橡胶石棉垫圈,如为一侧接管时,人工乘以系数 0.6,材料、机械乘以系数 0.5。手(电)动密闭阀安装子目不包括吊托支架制作与安装,如发生按第七册《通风空调安装工程》A.14.8"设备支架制作、安装"相应定额子目执行。

③碳钢百叶风口安装子目适用于带调节板活动百叶风口、单层百叶风口、双层百叶风口、三层百叶风口、连动百叶风口、135 型单层百叶风口、135 型双层百叶风口、135 型带导流叶片百叶风口、活动金属百叶风口。

④风口的宽与长之比≤0.125 的为条缝形风口,按百叶风口相应定额子目执行,人工消耗量乘以系数 1.1。

(2)有关说明

①密闭式对开多叶调节阀与手动式对开多叶调节阀执行同一子目。

②蝶阀安装子目适用于圆形保温蝶阀,方形、矩形保温蝶阀,圆形蝶阀,方形、矩形蝶阀;风管止回阀安装子目适用于圆形风管止回阀、方形风管止回阀。

③铝合金或其他材料制作的调节阀安装,应按"通风管道部件制作、安装"章节相应定额子目执行。

④碳钢散流器安装子目适用于圆形直片散流器、方形直片散流器、流线型散流器。

⑤碳钢送吸风口安装子目适用于单面送吸风口、双面送吸风口。

⑥铝合金或其他材料制作的风口安装,应按碳钢风口相应定额子目执行,人工乘以系数 0.9。

⑦铝制孔板风口如需电化处理时,电化费另行计算。

⑧其他材质和形式的排气罩制作安装,可按"通风管道部件制作、安装"章节中相近的定额子目执行。

⑨静压箱吊托支架按第七册《通风空调安装工程》A.14.8"设备支架制作、安装"相应定额子目执行。

⑩手摇(脚踏)电动两用风机安装,其支架按与设备配套编制,自行制作,按第七册《通风空调安装工程》A.14.8"设备支架制作、安装"相应定额子目执行。

⑪排烟风口吊托支架,按第七册《通风空调安装工程》A.14.8"设备支架制作、安装"相应定额子目执行。

⑫除尘过滤器、过滤吸收器安装子目不包括支架制作安装,其支架制作安装按第七册《通

风空调安装工程》A.14.8"设备支架制作、安装"相应定额子目执行。

⑬探头式含磷毒气报警器安装包括探头固定数和三角支架制作安装,报警器保护孔按建筑预留考虑。

⑭γ射线报警器探头安装孔子目按钢套管编制,地脚螺栓(M12×600,6个)按与设备配套编制;包括安装孔底电缆穿管,但不包括电缆敷设,如设计电缆穿管长度大于0.5 m,超过部分另外按相应定额子目执行。

⑮密闭穿墙管子目填料按油麻丝、黄油封堵考虑,如填料不同,不作调整。

⑯密闭穿墙管制作安装分类:Ⅰ型为薄钢板风管直接浇入混凝土墙内的密闭穿墙管;Ⅱ型为取样管用密闭穿墙管;Ⅲ型为薄钢板风管通过套管穿墙的密闭穿墙管。

⑰密闭穿墙管按墙厚0.3 m编制,如与设计墙厚不同,管材可以换算,其余不变;Ⅲ型穿墙管项目不包括风管本身。

⑱软管接头如使用人造革而不使用帆布时可以换算主材。

6.4 通风空调工程系统检测与调试

通风空调系统安装完工后需进行系统测定与调试,检验设备及系统安装的质量与性能,对系统的综合性能进行设定、测试及调整,确保工程竣工后达到预期目标。如果设计中无具体说明,通常按照《通风与空调工程施工质量验收规范》(GB 50243—2016)的规定进行系统的测定与调试。

通风空调安装工程
定额附录要点

▶ **6.4.1 通风空调工程系统检测与调试清单工程量计算规则及有关说明**

通风工程检测、调试按整个通风工程以系统为特征进行分部分项项目清单设置,而非作为措施项目放于措施项目清单中列项。

1)通风工程检测、调试

通风工程检测、调试工程量清单项目设置、项目特征描述的内容、计量单位及工程量计算规则,应按表6.11的规定执行。

表6.11 通风工程检测、调试(编码:030704)

项目编码	项目名称	项目特征	计量单位	工程量计算规则	工作内容
030704001	通风工程检测、调试	风管工程量	系统	按通风系统计算	1.通风管道风量测定 2.风压测定 3.温度测定 4.各系统风口、阀门调整
030704002	风管漏光试验、漏风试验	漏光试验、漏风试验、设计要求	m²	按设计图纸或规范要求以展开面积计算	通风管道漏光试验、漏风试验

2）相关问题及说明

①通风空调工程适用于通风（空调）设备及部件、通风管道及部件的制作安装工程。

②冷冻机组站内的设备安装、通风机安装及人防两用通风机安装，应按《通用安装工程工程量计算规范》（GB 50856—2013）附录 A"机械设备安装工程"相关项目编码列项。

③冷冻机组站内的管道安装，应按《通用安装工程工程量计算规范》（GB 50856—2013）附录 H"工业管道工程"相关项目编码列项。

④冷冻站外墙皮以外通往通风空调设备的供热、供冷、供水等管道，应按《通用安装工程工程量计算规范》（GB 50856—2013）附录 K"给排水、采暖、燃气工程"相关项目编码列项。

⑤设备和支架的除锈、刷漆、保温及保护层安装，应按《通用安装工程工程量计算规范》（GB 50856—2013）附录 M"刷油、防腐蚀、绝热工程"相关项目编码列项。

▶ **6.4.2　通风空调工程系统检测与调试定额工程量计算规则及有关说明**

工程量清单计价套用定额时应注意：空调系统调试没有相应的定额子目套用，按系统工程定额人工费7%计取，其中人工费占35%，包括漏风量测试和漏光法测试费用。

6.5　通风空调工程综合案例

本书综合案例选自某大型房地产商城市综合体一期售房部，工程背景介绍、安装工程施工图、相关说明文件、工程量计算式、工程建模提量、工程组价均完整罗列于电子资料库，请扫描二维码参考学习。

通风管道施工图识读　　通风空调设备施工图识读　　通风空调部件施工图识读　　通风空调工程综合案例

7

安装工程工程量清单及计价

7.1 工程量清单与清单计价概述

▶ 7.1.1 清单与清单计价的概念

1)工程量清单的概念

《建设工程工程量清单计价规范》(GB 50500—2013)中载明了 3 个关于工程量清单的概念。

①工程量清单:载明建设工程分部分项工程项目、措施项目、其他项目的名称和相应数量等的明细清单。

②招标工程量清单:招标人依据国家标准、招标文件、设计文件以及施工现场实际情况编制,随招标文件发布供投标报价的工程量清单,包括对其的说明和表格。

③已标价工程量清单:构成合同文件组成部分的投标文件中已标明价格,经算术性错误修正(如有)且承包人已确认的工程量清单,包括对其的说明和表格。

工程量清单应反映拟建工程的全部工程内容和为实现这些工程内容而进行的一切工作。工程量清单应由分部分项工程量清单、措施项目清单、其他项目清单、规费项目清单、税金项目清单组成。

2)清单计价的概念

工程量清单计价是建设工程招投标中,招标人根据国家统一的计价规范以及计量规范的工程量计算规则提供招标工程量清单和技术说明,由投标人依据企业自身条件和市场价格对招标工程量清单自主报价的工程造价计价方式。

▶ **7.1.2　清单与清单计价的发展**

在 2003 年之前，我国的工程造价管理实行的是与计划经济相适应的预算定额管理制度，即以预算定额为依据，施工图预算为基础，标底为中心的工程计价模式和招投标方式。而传统造价管理模式下反映社会平均水平的预算定额与市场脱节，不能真实地反映出工程建设或者建筑产品的市场价格，也不能反映企业的实际消耗和技术管理水平，在一定程度上限制了企业的技术进步和管理水平的提升。因此，工程计价体制需要进行深入的改革。

为了适应建筑业市场化、规范化和国际化的要求，我国工程造价主管部门于 2003 年公告 119 号文，发布《建设工程工程量清单计价规范》(GB 50500—2003)，并于 2003 年 7 月 1 日起正式实施。该规范的发布与实施是我国工程造价计价模式发展的重要里程碑，改变了我国长期以来建设工程计价、招投标、结算以政府发布的工程预算定额加红头文件为主要依据的状况，并使建设工程计价朝国家宏观调控、市场有序竞争形成价格的方向发展，标志着我国工程造价管理由传统的"量价合一"的计价模式向"量价分离"的市场模式的重大转变，我国招投标制度真正驶入了国际惯例轨道。

经过几年的实施，结合实施过程中对实际工程的佐证、调研论证和修订，住房和城乡建设部于 2008 年 12 月 1 日实施了《建设工程工程量清单计价规范》(GB 50500—2008)，用以指导后期的计价工作。08 版规范是对 03 版规范的补充和完善，不仅比较好地解决了清单计价自执行以来的主要问题，还对清单计价的指导思想作了进一步深化，提出了加强市场监管的思路，进一步推行和完善市场，建立公开、公平、公正的市场竞争秩序，使我国工程造价迈上新的台阶。

经过 5 年的规范应用，住房和城乡建设部于 2013 年 7 月 1 日颁发了《建设工程工程量清单计价规范》(GB 50500—2013)，该规范是按照我国工程造价管理改革的总体目标，本着国家宏观调控、市场竞争形成价格的原则制定的，该规范总结了《建设工程工程量清单计价规范》(GB 50500—2008)实施以来的经验，针对执行中存在的问题，特别是清理拖欠工程款工作中普遍反映的在工程实施阶段中有关工程价款调整、支付、结算等方面缺乏依据的问题，对 08 版规范正文中不尽合理、可操作性不强的条款及表格格式进行了修订，特别是增加了采用工程量清单计价如何编制工程量清单和招标控制价、投标报价、合同价款约定以及工程计量与价款支付、工程价款调整、索赔、竣工结算、工程计价争议处理等内容，并增加了条文说明。

▶ **7.1.3　清单与清单计价的作用**

1)工程量清单的主要作用

工程量清单是工程量清单计价的基础，贯穿于建设工程的招投标阶段和施工阶段，是编制招标控制价、投标报价、计算工程量、支付工程款、调整合同价款、办理竣工结算以及工程索赔等的依据。工程量清单的主要作用如下：

(1)工程量清单为投标人的投标竞争提供了一个平等和共同的基础

工程量清单是由招标人负责编制的，将要求投标人完成的工程项目及其相应工程实体数量全部列出，为投标人提供拟建工程的基本内容、实体数量和质量要求等的基础信息。这样，在建设工程招标投标中,投标人的竞争活动就有了一个共同基础,投标人机会均等,受到的待遇是公正和公平的。

（2）工程量清单是建设工程计价的依据

在招标投标过程中,招标人根据工程量清单编制招标工程的招标控制价;投标人按照工程量清单所表述的内容,依据企业定额计算投标价格,自主填报工程量清单所列项目的单价与合价。

（3）工程量清单是工程付款和结算的依据

在施工阶段,发包人根据承包人完成的工程量清单中规定的内容以及合同单价支付工程款。工程结算时,承发包双方按照工程量清单计价表中的序号对已实施的分部分项工程或计价项目,按合同单价和相关合同条款核算结算价款。

（4）工程量清单是调整工程价款、处理工程索赔的依据

在发生工程变更和工程索赔时,可以选用或者参照工程量清单中的分部分项工程或计价项目及合同单价来确定变更价款和索赔费用。

2）实行工程量清单计价模式的主要作用

实行工程量清单计价模式,其主要作用体现在以下几点:

（1）转变政府职能,规范建设市场秩序

工程量清单计价发挥了施工企业自主报价的能力,转变了政府职能。由政府定价转变为市场定价,有利于规范业主在招标中的行为,有效改变了招标单位盲目压价的行为。遵照合理低价的原则,淡化了标底的作用。采用工程量清单招标增加了招投标工作的透明度,标底只控制工程造价既不突破概算又不低于成本,国际惯例中标底也仅作为建设单位对工程费用的估测,甚至不设标底,从而淡化了标底的作用,杜绝泄漏标底等现象,从程序上规范了招标运作和建筑市场秩序。

（2）适应建设市场对外开放的需要

工程量清单招标是目前国际上普遍采用的方式之一,其计价方法既符合建筑市场竞争规则又符合国际通行原则,有利于提高中国建筑企业参与国际工程竞争的能力,提高工程建设的管理水平。

（3）合理分担风险,促进建设市场有序竞争

由于建筑工程本身比较复杂,加之建筑市场变化快、施工工期长、工程建设风险较大,采用工程量清单招标实现了量、价分离,有利于风险的合理分担。招标人确定量,承担了工程量误差的风险;投标人确定价,承担价的风险。由于工程量清单是公开的,避免了弄虚作假、暗箱操作等不规范行为,所有投标单位均在统一量的基础上,结合工程具体情况和企业自身实力,并充分考虑各种市场风险因素自主报价,为企业提供了平等的竞争平台。

（4）促进施工企业健康发展

工程量清单招标符合国家"控制量、指导价、竞争费"的原则。它将工程造价的决定权逐步交给投标单位,充分调动施工企业的积极性。投标单位要想中标,必须从加强内部管理、采购建筑材料、合理调配资源等方面狠下功夫,采取多种手段,努力降低工程成本。因此,要求施工企业苦练内功,提升市场竞争力,提高资源配置效率,降低施工成本,不断提高自身管理水平。

（5）减少重复劳动,降低成本,节约社会资源

以往招标单位及投标单位各自组织相关的预算编制人员按照统一的施工图纸、招标文件、定额及取费标准等进行工程预算编制。但由于预算编制人员水平不一,对计算规则及招标文件理解不一,各份报价差别甚大,反映不出建筑企业自身的水平。实行工程量清单报价既保证了工程量计算基础统一,又解决了招标工作时间紧、计算工作任务重的矛盾,减少了重复计算,减少了人力、物力及财力等浪费,缩短了投标单位的投标报价时间,有利于招投标工作的科学管理。

（6）利于工程款的拨付和业主的投资控制

合同一旦签订,工程量清单的报价即成为合同价的基础,在执行过程中,以清单报价作为拨付工程款的依据。工程竣工后,再根据设计变更和工程量的增减确定工程总造价。业主可以随时掌握工程造价的变化,根据投资情况确定是否变更方案,能有效控制工程造价。

► ### 7.1.4　清单与清单计价的编制原则和编制依据

1）清单与清单计价的编制原则

保证工程量清单的准确性,对确定工程造价、控制投资、提高企业经济效益起着重要作用。因此,在清单与清单计价的编制过程中应遵循以下原则:

①客观、公正、公平的原则;

②遵守有关法律、法规的原则;

③严格按照建设工程工程量清单计价规范进行编制的原则;

④遵守招标文件相关要求的原则;

⑤编制依据齐全的原则。

2）清单与清单计价的编制依据

（1）工程量清单的编制依据

①建设工程工程量清单计价规范和相关工程的国家计量规范;

②国家或省级、行业建设主管部门颁布的计价依据和办法;

③建设工程设计文件;

④与建设工程项目有关的标准、规范、技术资料;

⑤拟定的招标文件;

⑥施工现场情况、工程特点及常规施工方案;

⑦其他相关资料。

（2）工程量清单计价的编制依据

①《建设工程工程量清单计价规范》（GB 50500—2013）;

②工程勘察设计文件及相关资料;

③工程招标文件及招标答疑、补充文件;

④与建设工程项目有关的标准、规范和技术资料;

⑤国家或省级、行业建设主管部门颁发的计价定额;

⑥企业定额;

⑦费用定额及相关现行文件;

⑧工程造价管理机构发布的相关文件；

⑨其他相关资料。

7.2　工程量清单

▶　7.2.1　工程量清单的组成

工程量清单应采用统一的格式进行编制。工程量清单应以单位工程进行编制,由封面、总说明、分部分项工程量清单、措施项目清单、其他项目清单及规费项目清单、税金项目清单等组成。其内容的填写应符合清单计价规范的相应规定。

▶　7.2.2　工程量清单的编制要求

工程量清单应由具有编制能力的招标人或受其委托具有相应资质的工程造价咨询人或招标代理人编制。当采用工程量清单方式招标时,招标工程量清单必须作为招标文件的组成部分,其准确性和完整性由招标人负责。

1)封面及总说明内容填写要求

封面应按规定的内容填写、签字、盖章。由造价人员编制的工程量清单,应有负责审核的造价工程师签字、盖章;受委托编制的工程量清单,应有造价工程师签字、盖章以及工程造价咨询人盖章。

总说明应按下列内容填写:

①工程概况:建设规模、工程特征、计划工期、施工现场实际情况、自然地理条件、环境保护要求等;

②工程招标和专业发包范围;

③工程量清单编制依据;

④工程质量、材料、施工等的特殊要求;

⑤其他需要说明的问题。

2)分部分项工程量清单的编制

分部分项工程量清单必须载明项目编码、项目名称、项目特征、计量单位和工程量。表格具体见第7章第7.2.3节的内容,其中项目编码、项目名称、项目特征及主要工程内容、计量单位、工程量计算规则应根据计量规范的规定,由招标人或其委托人负责编制填写;综合单价和合价应在编制招标控制价或投标报价时填写,招标人负责编制招标控制价的综合单价与合价,投标人自主编制填写投标报价的综合单价与合价。

(1)项目编码

项目编码是指分部分项工程和措施项目清单名称的阿拉伯数字标识。分部分项工程量清单的项目编码,应采用12位阿拉伯数字表示。1~9位应按计量规范附录的规定设置,10~12位应根据拟建工程的工程量清单项目名称和项目特征由清单编制人自行设置,同一招标工程的项目编码不得有重码。

项目编码的含义如下：

<pre>
□□   □□   □□   □□□   □□□
１２位   ３４位   ５６位   ７８９位   10 11 12位
</pre>

1,2位为相关工程计量规范代码;3,4位为专业工程顺序码;5,6位为分部工程顺序码;7,8,9位为分项工程工程名称顺序码;10,11,12位为清单项目名称顺序码。

1,2位计量规范代码分别为:01为房屋建筑与装饰工程代码;02为仿古建筑工程代码;03为通用安装工程代码;04为市政工程代码;05为园林绿化工程代码;06为矿山工程代码;07为构筑物工程代码;08为城市轨道交通工程代码;09为爆破工程代码。

例如,某清单项目编码为030411004002,表示:通用安装工程(03)、电气设备安装工程(04)、配管配线(11)、配线(004)、截面面积4.0 mm² 铜芯绝缘导线(002)。其中最后3位,在举例工程中001代表截面面积2.5 mm² 铜芯绝缘导线;002代表截面面积4.0 mm² 铜芯绝缘导线;003代表截面面积6.0 mm² 铜芯绝缘导线。

(2)项目名称

分部分项工程工程量清单的项目名称,应按计量规范(则)附录的项目名称结合拟建工程的实际确定。

计量规范附录表中的"项目名称"为分项工程项目名称,是形成分部分项工程量清单项目名称的基础,在编制分部分项工程量清单时可作适当调整或细化。清单项目名称应表达详细、准确。

例如,"大便器"在形成工程量清单项目名称时可以细化为"坐便式大便器""蹲便式大便器"。又例如,同一工程不同直径的塑料管,可分别细化为De110塑料管、De75塑料管、De50塑料管等。

(3)项目特征

分部分项工程量清单项目特征应按计量规范附录规定的项目特征,结合拟建工程项目的实际进行修改描述。

项目特征是确定一个清单项目综合单价不可缺少的重要依据,在编制工程量清单时,必须对项目特征进行准确和全面的描述。为达到规范、简洁、准确、全面描述项目特征的要求,在描述工程量清单项目特征时应按以下原则进行:

①项目特征描述应按计量规范附录中的规定,结合拟建工程的实际,能满足确定综合单价的需要。对涉及计量、结构及材质要求、施工工艺及方法、安装方式等影响组价的项目特征必须予以描述。

②若采用标准图集或施工图纸能够全部或部分满足项目特征描述的要求,项目特征描述可直接采用详见××图集或××图号的方式。但标准图集所示仍不明确的及不能满足项目特征和主要工程内容描述的部分,仍需用文字进行补充描述。

对项目特征及主要工程内容的描述,应能满足确定综合单价的需要。

(4)计量单位

分部分项工程量清单中的计量单位应按计量规范附录中规定的计量单位确定。附录中有2个或2个以上计量单位的,应结合拟建工程项目的实际选择最适宜表现该项目特征并方便计量的单位。计量单位的有效位数应遵守下列规定:

①以"t"为单位,应保留小数点后三位数,第四位小数四舍五入。

②以"m""m²""m³""kg"为单位时,应保留小数点后两位,第三位小数四舍五入。

③以"个""件""根""组""系统""台""套"等为单位,应取整数。

(5)工程量

分部分项工程量清单中的工程量应按计量规范附录中规定的工程量计算规则计算。

计量规范附录给出了各类工程的项目设置和工程量计算规则,编制工程量清单时必须按照这些规则计算工程量,这是强制性规定。

【例7.1】 某工程拥有1台规格为800 mm×2 200 mm×800 mm的落地式配电箱AA1;1台规格为800 mm×1 000 mm×200 mm的挂式配电箱AL1,距地1.3 m安装,采用明装的方式;在距地1.3 m处暗装250 V、10 A的单控单联跷板开关30个,单控双联跷板开关10个;在距地0.3 m处暗装250 V、10 A的单相二、三级插座35个;配管采用材质为PVC的刚性阻燃管暗配,需要管径32的为21 m,管径25的为1 000 m,管内穿线采用规格为4的铜芯线用于照明线路,共需2 500 m,规格为2.5的需要6 500 m。试根据以上内容完成分部分项工程量清单表。

解 根据题目要求,完成该工程分部分项工程量清单表,见表7.1。

表7.1 某工程分部分项工程量清单表

序号	项目编码	项目名称	项目特征	计量单位	工程量
1	030404017001	配电箱	1.名称:配电箱AA1 2.规格:800 mm×2 200 mm×800 mm 3.安装方式:落地安装	台	1
2	030404017002	配电箱	1.名称:照明配电箱AL1 2.规格:800 mm×1 000 mm×200 mm 3.安装方式:距地1.3 m,明装	台	1
3	030404034001	照明开关	1.名称:单控单联跷板开关 2.规格:250 V、10 A 3.安装方式:距地1.3 m,暗装	个	30
4	030404034002	照明开关	1.名称:单控双联跷板开关 2.规格:250 V、10 A 3.安装方式:距地1.3 m,暗装	个	10
5	030404035001	插座	1.名称:单相二、三级插座 2.规格:250 V、10 A 3.安装方式:距地0.3 m,暗装	个	35
6	030411001001	配管	1.名称:刚性阻燃管 2.材质:PVC 3.规格:PC32 4.配置形式:暗配	m	21

续表

序号	项目编码	项目名称	项目特征	计量单位	工程量
7	030411001002	配管	1. 名称:刚性阻燃管 2. 材质:PVC 3. 规格:PC25 4. 配置形式:暗配	m	1 000
8	030411004001	配线	1. 名称:管内穿线 2. 配线形式:照明线路 3. 型号:BV 4. 规格:2.5 5. 材质:铜芯线	m	6 500
9	030411004002	配线	1. 名称:管内穿线 2. 配线形式:照明线路 3. 型号:BV 4. 规格:4 5. 材质:铜芯线	m	2 500

3)措施项目清单的编制

措施项目清单必须根据相关工程现行计量规范的规定编制。措施项目清单包括施工技术措施项目清单和施工组织措施项目清单,应根据建设工程的实际情况列项。

(1)施工技术措施项目清单的编制

措施项目中能计算工程量的措施项目称为技术措施项目,即计量规范措施项目中列出了项目编码、项目名称、项目特征、计量单位、工程量计算规则的那些项目。技术措施项目也称为单价措施项目。

编制技术措施项目清单时,必须按计量规范列出项目编码、项目名称、项目特征、计量单位和按计量规则计算的工程量,表7.2为某工程施工技术措施项目清单计价表。

表7.2　施工技术措施项目清单计价表

序号	项目编码	项目名称	项目特征	计量单位	工程量	金额/元	
						综合单价	单价
1	031301017001	脚手架搭拆	1. 搭设方式 2. 搭设高度 3. 脚手架材质	项	1		

(2)施工组织措施项目清单的编制

施工组织措施项目是指不能计算工程量而是按"项"计量的施工措施项目。组织措施项目也称为总价措施项目。

施工组织措施项目可按表7.3选择列项,若出现表中未列项目,则应根据工程实际情况进行补充。

表7.3 施工组织措施项目清单表

序号	项目编码	项目名称
1		安全文明施工费
2		夜间施工
3		二次搬运
4		冬雨季施工
5		地上、地下设施,建筑物的临时保护设施
6		已完工程及设备保护
7		工程定位复测、点交及场地清理
8		材料检验试验
9		特殊检验试验
10		住宅工程质量分户验收
11		建设工程竣工档案编制费

4)其他项目清单的编制

其他项目清单是指除分部分项工程量清单、措施项目清单所包含的内容以外,因招标人的特殊要求而发生的其他费用项目和相应数量的清单。工程建设标准的高低、工程的复杂程度、工期的长短、工程的组成内容、发包人对工程管理的要求等都将直接影响其他项目清单的具体内容。

其他项目清单宜按下列内容列项:

(1)暂列金额

暂列金额是指招标人在工程量清单中暂定并包括在合同价款中的一笔款项。这笔款项用于施工合同签订时尚未确定或者不可预见的所需材料、工程设备、服务的采购,施工中可能发生的工程变更、合同约定调整因素出现时的工程价款调整以及发生的索赔、现场签证确认等的费用。

尽管暂列金额列入了合同价格,但并不一定都属于中标人。对该金额,招标人有权全部使用、部分使用或完全不用。

(2)暂估价

暂估价是指招标人在工程量清单中提供的用于支付必然发生但暂时不能确定的材料、工程设备的单价以及专业工程的金额,包括材料暂估价、工程设备暂估价、专业工程暂估价。

一般情况下,为了方便合同管理和计价,需纳入分部分项工程量清单综合单价中的暂估价只是材料(工程设备)费,以便投标人组价。暂估价中的材料及工程设备暂估单价应根据工程造价信息或参照市场价格估算,列出明细表。

专业工程暂估价应分不同专业,按有关计价规定估算,列出明细表。表内应填写工程名称、工程内容、暂估金额,投标人应将上述金额计入投标总价中。

(3)计日工

计日工是指在施工过程中,承包人完成发包人提出的工程合同范围以外的零星项目或工作,按合同中约定的单价计价的一种方式。

招标人应在计日工表中列出项目名称、计量单位和暂估数量。

(4)总承包服务费

总承包服务费是总承包人为配合协调发包人进行的专业工程发包,对发包人自行采购的材料、工程设备等进行保管以及施工现场管理、竣工资料汇总整理等服务所需的费用。总承包服务费应列出服务项目及内容。

编制招标工程量清单时,招标人应将拟定进行专业发包的专业工程,自行采购的材料、设备等决定清楚,填写项目名称、服务内容,以便投标人决定报价。

5)规费、税金项目计价表的编制

(1)规费项目清单

规费项目清单应按照下列内容列项:

①社会保险费:包括养老保险费、失业保险费、医疗保险费、工伤保险费、生育保险费;

②住房公积金;

③工程排污费。

若出现未包含在上述内容中的项目,应根据省级政府和省级有关部门的规定列项。

(2)税金项目清单

税金项目清单应包括下列内容:

①增值税;

②附加税;

③环境保护税;

④地方教育附加。

▶ 7.2.3 工程量清单表格介绍

结合《重庆市建设工程费用定额》(CQFYDE—2018),工程量清单表格应包含封-1、表-01、表-08、表-09、表-10、表-11、表-11-1—表-11-6、表-12、表-19、表-20或表-21,具体如下:

＿＿＿＿＿＿＿＿＿＿＿＿＿＿＿＿＿＿＿＿＿＿＿**工程**

招标工程量清单

招 标 人：＿＿＿＿＿＿＿＿＿＿

（单位盖章）

工程造价

咨 询 人：＿＿＿＿＿＿＿＿＿＿

（单位资质专用章）

法定代表人

或其授权人：＿＿＿＿＿＿＿＿＿

（签字或盖章）

法定代表人

或其授权人：＿＿＿＿＿＿＿＿＿

（签字或盖章）

编 制 人：＿＿＿＿＿＿＿＿＿＿

（造价人员签字盖专用章）

复 核 人：＿＿＿＿＿＿＿＿＿＿

（造价人员签字盖专用章）

时间： 年 月 日

表-01

工程计价总说明

工程名称： 　　　　　　　　　　　　　　　　　　　　　　　第　页 共　页

表-08

措施项目汇总表

工程名称：

序号	项目名称	金额/元	
		合价	其中:暂估价
1	施工技术措施项目		
2	施工组织措施项目		
2.1	其中:安全文明施工费		
2.2	建设工程竣工档案编制费		
2.3	住宅工程质量分户验收费		
	措施项目费合价 = 1 + 2		

表-09

分部分项工程/施工技术措施项目清单计价表

工程名称：   第　页共　页

序号	项目编码	项目名称	项目特征	计量单位	工程量	金额/元		
						综合单价	合价	其中:暂估价
		本页小计						
		合　计						

表-10

施工组织措施项目清单计价表

工程名称：

序号	项目编码	项目名称	计算基础	费率/%	金额/元	调整费率/%	调整后金额/元	备注
1		组织措施费						
2		安全文明施工费						
3		建设工程竣工档案编制费						
4		住宅工程质量分户验收费						
5								
6								
7								
8								
9								
10								
11								
12								
13								
	合　计							

注：①计算基础和费用标准按重庆市有关费用定额或文件执行。

②根据施工方案计算的措施费，可不填写"计算基数"和"费率"的数值，只填写"金额"数值，但应在备注栏说明施工方案出处或计算方法。

表-11

其他项目清单计价汇总表

工程名称：   第　页共　页

序号	项目名称	金额/元	结算金额/元	备注
1	暂列金额			明细详见表-11-1
2	暂估价			
2.1	材料(工程设备)暂估价或结算价			明细详见表-11-2
2.2	专业工程暂估价			明细详见表-11-3
3	计日工			明细详见表-11-4
4	总承包服务费			明细详见表-11-5
5	索赔与现场签证			明细详见表-11-6
	合　计			

注：材料、设备暂估单价进入清单项目综合单价，此处不汇总。

表-11-1

暂列金额明细表

工程名称：

序号	项目名称	计量单位	暂定金额/元	备注
1				
2				
3				
4				
5				
6				
7				
8				
9				
10				
11				
合　计				—

注：此表由招标人填写，如不能详列，也可只列暂定金额总额，投标人应将上述暂列金额计入投标总价中。

表-11-2

材料(工程设备)暂估单价及调整表

工程名称：   第　页共　页

序号	材料(工程设备)名称、规格、型号	计量单位	数量		暂估/元		确认/元		差额±/元		备注
			暂估数量	实际数量	单价	合价	单价	合价	单价	合价	

注：①此表由招标人填写"暂估单价"，并在备注栏说明暂估价的材料、工程设备拟用在哪些清单项目上，投标人应将上述材料、工程设备暂估单价计入工程量清单综合单价报价中。

②材料包括原材料、燃料、构配件以及按规定应计入建筑安装工程造价的设备。

表-11-3

专业工程暂估价及结算价表

工程名称：   第 页共 页

序号	专业工程名称	工程内容	暂估金额/元	结算金额/元	差额±/元	备注
合　计						

注:此表由招标人填写,投标人应将上述专业工程暂估价计入投标总价中。结算时按合同约定结算金额填写。

表-11-4

计日工表

工程名称：　　　　　　　　　　　　　　　　　　　　　　　　　　　　　　　第　页共　页

编号	项目名称	单位	暂定数量	实际数量	综合单价/元	合价/元	
						暂定	实际
1	人　工						
	人工小计						
2	材　料						
	材料小计						
3	施工机械						
	施工机械小计						
	总　计						

注：此表项目名称、暂定数量由招标人填写，编制招标控制价时，单价由招标人按有关计价规定确定；投标时，单价由投标
人自主报价，按暂定数量计算合价计入投标总价中。结算时，按发承包双方确认的实际数量计算合价。

表-11-5

总承包服务费计价表

工程名称：

序号	项目名称	项目价值/元	服务内容	计算基础	费率/%	金额/元
1	发包人发包专业工程					
2	发包人供应材料					
		合　计				

注：此表项目名称、服务内容由招标人填写，编写招标控制价时，费率及金额由招标人按有关计价规定确定；投标时，费率及金额由投标人自主报价，计入投标总价中。

表-11-6

索赔与现场签证计价汇总表

工程名称：   第 页共 页

序号	索赔项目名称	计量单位	数量	单价/元	合价/元	索赔依据
	本页小计					
	合 计					

注：签证及索赔依据是指经双方认可的签证单和索赔依据的编号。

表-12

规费、税金项目计价表

工程名称：　　　　　　　标段：　　　　　　　　　　　　　　　第　页共　页

序号	项目名称	计算基础	费率/%	金额/元
1	规费			
2	税金	2.1＋2.2＋2.3		
2.1	增值税	分部分项工程费＋措施项目费＋ 其他项目费＋规费－甲供材料费		
2.2	附加税	增值税		
2.3	环境保护费	按实计算		
合　计				

表-19

发包人提供材料和工程设备一览表

工程名称：

序号	名称、规格、型号	单位	数量	单价/元	交货方式	送达地点	备注

注：此表由招标人填写，供投标人在投标报价、确定总承包服务费时参考。

表-20

承包人提供主要材料和工程设备一览表

（适用于价格指数差额调整法）

工程名称：　　　　　　　　　　　　　　　　　　　　　　　　　　　　　　第　页共　页

序号	名称、规格、型号	变值权重 B	基本价格指数 F_0	现行价格指数 F_1	备注
定值权重 A					
合　计		1			

注：①"名称、规格、型号""基本价格指数"由招标人填写，基本价格指数应先采用工程造价管理机构发布的价格指数，没有时，可采用发布的价格代替，如人工、施工机具使用费也采用本法调整，由招投标人在"名称"栏填写。

②"变值权重"由投标人根据该项人工、施工机具使用费和材料设备价值在投标总报价中所占的比例填写，1减去其比例为定值权重。

③"现行价格指数"按约定的付款证书相关周期最后一天的前42天的各项价格指数填写，该指数应先采用工程造价管理机构发布的价格指数，没有时，可采用发布的价格代替。

表-21

承包人提供主要材料和工程设备一览表

（适用于造价信息差额调整法）

工程名称：   第　页共　页

序号	名称、规格、型号	单位	数量	风险系数/%	基准单价/元	投标单价/元	发承包人确认单价/元	备注

注：①此表由招标人填写，除"投标单价"栏的内容，投标人在投标时自主确定投标单价。

②招标人应优先采用工程造价管理机构发布的单价作为基准单价，未发布的，通过市场调查确定其基准单价。

7.3 工程量清单计价

▶ 7.3.1 工程量清单计价的组成

工程量清单计价应根据《建设工程工程量清单计价规范》（GB 50500—2013）、《通用安装工程工程量计算规范》（GB 50856—2013）及地方性计算规则,如《重庆市建设工程工程量清单计价规则》（CQJJGZ—2013）、《重庆市建设工程工程量计算规则》（CQJLGZ—2013）及《重庆市建设工程费用定额》（CQFYDE—2018）进行清单计价。

单位工程工程量清单计价由分部分项工程费、措施项目费、其他项目费、规费和税金组成。其中,单位工程计价程序表见表7.4。

表7.4 单位工程计价程序表

序号	项目名称	计算式	金额/元
1	分部分项工程费		
2	措施项目费	2.1 + 2.2	
2.1	技术措施项目费		
2.2	组织措施项目费		
其中	安全文明施工费		
3	其他项目费	3.1 + 3.2 + 3.3 + 3.4 + 3.5	
3.1	暂列金额		
3.2	暂估价		
3.3	计日工		
3.4	总承包服务费		
3.5	索赔及现场签证		
4	规费		
5	税金	5.1 + 5.2 + 5.3	
5.1	增值税	（1 + 2 + 3 + 4 − 甲供材料费）× 税率	
5.2	附加税	5.1 × 税率	
5.3	环境保护税	按实计算	
6	合价	1 + 2 + 3 + 4 + 5	

按2013版计价规范规定,工程量清单计价书由封面,总说明,投标报价汇总表,分部分项工程量清单计价表,工程量清单综合单价分析表,措施项目清单计价表,其他项目清单计价表,规费、税金项目清单计价表等组成。

► **7.3.2 工程量清单计价的编制要求**

按照 2013 版计价规范的规定,建设工程承发包及实施阶段的工程造价由分部分项工程费、措施项目费、其他项目费、规费和税金组成。

工程量清单计价时各项费用报价的计算、组成过程如下:

$$分部分项工程费 = \sum (分部分项工程量 \times 相应分部分项综合单价)$$

$$措施项目费 = \sum 各项施工组织措施项目费 +$$

$$\sum (各项施工技术措施项目费 \times 相应部分综合单价)$$

$$其他项目费 = 暂列金额 + 暂估价 + 计日工费 + 总承包服务费$$

$$单位工程报价 = 分部分项工程费及措施项目费 + 其他项目费 + 规费 + 税金$$

$$单项工程报价 = \sum 单位工程报价$$

$$建设项目总报价 = \sum 单项工程报价$$

1)分部分项工程量清单计价表的编制

分部分项工程费应根据招标文件中分部分项工程量清单项目的特征描述确定综合单价计算。确定综合单价是计算确定分部分项工程费、完成分部分项工程量清单计价表编制过程中最主要的内容。从严格意义上讲,工程量清单计价模式下的合同应是单价合同,因此,综合单价的分析计算是投标报价的关键环节。表 7.5 为分部分项工程量清单计价表。

表 7.5　分部分项工程量清单计价表

序号	项目编码	项目名称	项目特征	计量单位	工程量	综合单价/元	综合合价/元
1	030404017001	配电箱	1. 名称:配电箱 AA1 2. 规格:800 mm×2 200 mm×800 mm 3. 安装方式:落地安装	台	1	1 640.00	1 640.00
2	030404017002	配电箱	1. 名称:照明配电箱 AL1 2. 规格:800 mm×1 000 mm×200 mm 3. 安装方式:距地 1.3 m,明装	台	1	1 700.00	1 700.00
3	030404034001	照明开关	1. 名称:单控单联跷板开关 2. 规格:250 V,10 A 3. 安装方式:距地 1.3 m,暗装	个	30	13.50	405
4	030404034002	照明开关	1. 名称:单控双联跷板开关 2. 规格:250 V,10 A 3. 安装方式:距地 1.3 m,暗装	个	10	18.5	185
			本页小计				3 930.00

综合单价的具体知识点见本书7.4节。

2）措施项目清单计价表的编制

措施项目费应根据招标文件中的措施项目清单及投标时拟订的施工组织设计或施工方案由投标人自主确定。

计算措施项目费时应遵循以下原则：

①投标人可根据工程实际情况结合施工组织设计或施工方案，自主确定措施项目费。对招标人所列的措施项目可以进行增补。投标人根据施工组织设计或施工方案调整和确定的措施项目应通过评标委员会的评审。

②措施项目清单计价应根据拟建工程的施工组织设计或施工方案采用不同方法。

a.技术措施项目应采用综合单价的方式计价。技术措施项目相应的综合单价计算方法与分部分项工程量清单综合单价计算方法相同。

b.组织措施项目，即总价措施项目清单计价。组织措施项目不能计算工程量，只能以"项"计量，按费率的方式计算确定。按"项"计算的组织措施项目费，应包括除规费、税金以外的全部费用。

c.措施项目中的安全文明施工费，应按照国家或省级、行业建设主管部门的规定计算确定。

例如，表7.6为某××学校消防工程的施工组织措施项目清单计价表。

表7.6　施工组织措施项目清单计价表

工程名称：××学校消防工程　　　　　　　　　　　　　　　　　　　　第1页　共1页

序号	项目编码	项目名称	计算基础	费率/%	金额/元	调整费率/%	调整后金额/元	备注
1	031302B02001	组织措施费	分部分项人工费＋技术措施人工费	16.39	3 953.12			
2	031302001001	安全文明施工费	分部分项人工费＋人工价差_预算＋技术措施人工费＋技术措施人工价差_预算	25.1	6 293.02			
3	031302B03001	建设工程竣工档案编制费	分部分项人工费＋技术措施人工费	1.94	467.91			
		合　计			10 714.05			

注：①计算基础和费用标准按本市有关费用定额或文件执行。

　　②根据施工方案计算的措施费，可不填写"计算基础"和"费率"的数值，只填写"金额"数值，但应在备注栏说明施工方案出处或计算方法。

3）其他项目清单计价表的编制

其他项目费应按下列规定计价：

①暂列金额应按招标工程量清单中列出的金额填写。

②材料、工程设备暂估价应按招标工程量清单中列出的单价计入综合单价。

③专业工程暂估价应按招标工程量清单中列出的金额填写。

④计日工应按招标工程量清单中列出的项目和数量，自主确定综合单价并计算计日工金额。

⑤总承包服务费根据招标工程量清单中列出的内容和提出的要求自主确定。

例如，表7.7为××工程电气照明工程其他项目清单计价汇总表，表7.8为××工程电气照明工程暂列金额明细表。

表7.7　××工程电气照明工程其他项目清单计价汇总表

工程名称：××工程电气照明工程　　　　　　　　　　　　　　　　　　　　第1页　共1页

序号	项目名称	计量单位	金额/元	备注
1	暂列金额	项	50 000.00	
2	暂估价	项	80 000.00	
2.1	材料（工程设备）暂估价	项	—	
2.2	专业工程暂估价	项	80 000.00	
3	计日工	项	20 280.00	
4	总承包服务费	项	2 400.00	
5	索赔与现场签证			
	合　计		152 680.00	

表7.8　某工程电气照明工程暂列金额明细表

工程名称：××工程电气照明工程　　　　　　　　　　　　　　　　　　　　第1页　共1页

序号	项目名称	计量单位	暂定金额/元	备注
1	工程量清单中工程量偏差和设计变更	项	20 000.00	
2	政策性调整和材料价格风险	项	20 000.00	
3	其他	项	10 000.00	
	合　计		50 000.00	

4）规费、税金项目清单计价表编制

规费、税金应按照省级政府和省级有关权力部门发布的规定标准计算，不得作为竞争性费用。以重庆市为例，重庆市的规费标准见8.3节表8.3中所列，重庆市税费标准见8.3节表8.10所列。

► 7.3.3 工程量清单计价表格介绍

工程量清单计价文件宜采用统一的格式要求,各省、自治区、直辖市建设行政主管部门和行业建设主管部门可根据实际情况进行补充完善,结合《重庆市建设工程费用定额》(CQ-FYDE—2018),安装工程工程量清单投标计价表格应包含封-3、表-01、表-02、表-03、表-04、表-08、表-09、表-09-2(4)、表-10、表-11、表-11-1~表-11-5、表-12、表-19、表-20 或表-21,与本书7.2.3 节相比,更换封-1 为封3,增加表-02、表-03、表-04、表-09-2 及表-09-4,具体更换如下:

封-3

投 标 总 价

招 标 人:＿＿＿＿＿＿＿＿＿＿＿＿＿＿＿＿＿＿＿＿＿＿＿＿＿＿

投标总价(小写):＿＿＿＿＿＿＿＿＿＿＿＿＿＿＿＿＿＿＿＿＿＿
　　　(大写):＿＿＿＿＿＿＿＿＿＿＿＿＿＿＿＿＿＿＿＿＿＿

投 标 人:＿＿＿＿＿＿＿＿＿＿＿＿＿＿＿＿＿＿＿＿＿＿＿＿＿
　　　　　　　(单位盖章)

法定代表人
或其授权人:＿＿＿＿＿＿＿＿＿＿＿＿＿＿＿＿＿＿＿＿＿＿＿＿
　　　　　　　(签字或盖章)

编 制 人:＿＿＿＿＿＿＿＿＿＿＿＿＿＿＿＿＿＿＿＿＿＿＿＿＿
　　　　　　　(造价人员签字盖专用章)

时 间: 年 月 日

表-02

建设项目招标控制价/投标报价汇总表

工程名称：   第 页 共 页

序号	单项工程名称	金额/元	其中		
			暂估价/元	安全文明施工费/元	规费/元
合 计					

注:本表适用于建设项目招标控制价或投标报价的汇总。暂估价包括分部分项工程中的暂估价和专业工程暂估价。

表-03

单项工程招标控制价/投标报价汇总表

工程名称：

第 页 共 页

序号	单项工程名称	金额/元	其 中		
			暂估价/元	安全文明施工费/元	规费/元
合　计					

注：本表适用于单项工程招标控制价或投标报价的汇总。暂估价包括分部分项工程中的暂估价和专业工程暂估价。

表-04

单位工程招标控制价/投标报价汇总表

工程名称：   第 页 共 页

序号	汇总内容	金额/元	其中:暂估价/元
1	分部分项工程		
1.1			
1.2			
1.3			
1.4			
1.5			
2	措施项目		
2.1	其中:安全文明施工费		
3	其他项目		
4	规费		
5	税金		
	招标控制价合计 = 1 + 2 + 3 + 4 + 5		

注:①本表适用于单位工程招标控制价或投标报价的汇总,如无单位工程划分,单项工程也使用本表汇总。

②分部分项工程、措施项目中暂估价应填写材料、工程设备暂估价;其他项目中暂估价应填写专业工程暂估价。

分部分项工程/施工技术措施项目清单综合单价分析表（二）

工程名称：

项目编码：		项目名称：				计量单位：							

定额编号	定额项目名称	数量		定额综合单价/元									综合单价/元			合价/元
		单位	数量	定额人工费	定额材料费	定额施工机具使用费	企业管理费		利润		一般风险费用		未计价材料费	人材机价差	其他风险费	1+2+3+4+5+7+9+10+11+12
				1	2	3	费率/% 4	×(1)(4) 5	费率/% 6	×(1)(6) 7	费率/% 8	×(1)(8) 9	10	11	12	13
											—					
合　计																

人工、材料及机械名称	单位	数量	定额单价/元	定额合价/元	市场单价/元	市场合价/元	价差合计/元	备注
1.人工								
……								
2.材料	元				—			
(1)计价材料								
(2)其他材料								
3.机械					—			
(1)机上人工								
(2)燃油动力费								

注：①此表适用于装饰工程、通用安装工程、市政安装工程、园林绿化工程、城市轨道交通安装工程、人工土石方工程、房屋建筑与装饰工程、房屋修缮工程或技术措施项目清单综合单价分析。

②此表适用于定额人工费为计算基础并按一般计税方法计算的工程使用。

③投标报价加不使用本市定额的依据，可不填定额编码、编码等。

④招标文件提供了暂估单价的材料，按暂估单价填入表内，并在备注栏中注明为"暂估价"。

⑤材料应注明名称、规格、型号。

分部分项工程/施工技术措施项目清单综合单价分析表（四）

表-09-4
第 页 共 页

工程名称：

项目编码： ____ 项目名称： ____ 计量单位： ____

定额编号	定额项目名称	单位	数量	定额综合单价/元									综合单价/元			合价/元
				定额人工费	定额材料费	定额施工机具使用费	企业管理费		利润		一般风险费用		未计价材料费	人材机价差	其他风险费	
							费率/%	(1)×(4)	费率/%	(1)×(6)	费率/%	(1)×(8)				13
				1	2	3	4	5	6	7	8	9	10	11	12	1+2+3+4+5+7+9+10+11+12
合　计																

人工、材料及机械名称	单位	数量	定额单价/元	定额合价/元	市场单价/元	市场合价/元	价差/元
1.人工	元				—		
2.材料						—	
(1)计价材料							
(2)其他材料							—
3.机械							
(1)机上人工							
(2)燃油动力费							
(3)施工机具摊销费							

人材机价差：进项税系数 ____ 进项税 ____ 价差合计/元 ____

备注

注：①此表适用于装饰工程、通用安装工程、市政安装工程、园林绿化工程、城市轨道交通安装工程、人工土石方工程、房屋安装修缮工程、房屋单拆除工程分部分项工程或技术措施项目清单综合单价分析。
②此表适用于定额人工费为计算基础并按简易计税方法计算的工程使用。
③投标人报价如不使用本市定额人工，可不填定额项目、编码等。
④招标文件提供了暂估单价的材料，按暂估价的单价填入本表内，并在备注栏中注明为"暂估价"。
⑤材料应注明名称、规格、型号。
⑥进项税系数仅为材料费和施工机具摊销费的进项税系数。

7.4 综合单价案例分析

▶ 7.4.1 综合单价

综合单价是指完成一个规定清单项目所需的人工费、材料费、施工机具使用费和企业管理费、利润以及一定范围内的风险费用。

1）人工费、材料费、施工机具使用费

综合单价中的人工费、材料费、施工机具使用费可按投标单位的企业定额计算确定,也可根据省级建设主管部门颁发的定额计算确定。本书例题中的人工费、材料费、施工机具使用费均按《重庆市通用安装工程计价定额》(CQAZDE—2018)计算。

计算中采用的价格应是市场价格,也可以是工程造价管理机构发布的工程造价信息。

2）企业管理费、利润、一般风险费

以重庆市为例,按照《重庆市建设工程费用定额》(CQFYDE—2018)的规定:通用安装工程在计算企业管理费、利润、一般风险费时以定额人工费为费用计算基础。费用标准见8.3节表8.3。

综合单价中应包括招标文件中划分的应由投标人承担的风险范围及其费用,招标文件中没有明确的,应提请招标人明确。

根据《重庆市建设工程费用定额》(CQFYDE—2018)的规定,综合单价中的一般风险费用是指工程施工期间因停水、停电,材料设备供应,材料代用等不可预见的一般风险因素影响正常施工而又不便计算的损失费用,内容包括:

①一月内停水、停电,在工作时间16 h以内的停工、窝工损失。

②建设单位供应材料设备不及时,造成的停工、窝工每月在8 h以内的损失。

③材料的理论质量与实际质量的差。

④材料的代用,但不包括建筑材料中钢材的代用。

其他风险费是指除一般风险费外,招标人根据《建设工程工程量清单计价规范》(GB 50500—2013)、《重庆市建设工程工程量清单计价规则》(CQJJGZ—2013)的有关规定,在招标文件中要求投标人承担的人工、材料、机械价格及工程量变化导致的价格风险。

▶ 7.4.2 综合单价计算程序

通用安装工程的综合单价应按表7.9及表7.10所示程序计算。我国目前主要采用经评审的合理最低投标价法进行评标,为表明分部分项工程量综合单价的合理性,投标人应对其进行单价分析,以作为评标时判断综合单价合理性的主要依据。综合单价分析表的编制应反映出综合单价的编制过程,实际分析计算综合单价时,可按表7.11进行。

表7.9 综合单价计算程序表（一般计税法）

序号	费用名称	一般计税法计算式
1	定额综合单价	1.1 + 1.2 + 1.3 + 1.4 + 1.5 + 1.6
1.1	定额人工费	
1.2	定额材料费	
1.3	定额施工机具使用费	
1.4	企业管理费	1.1 × 费率
1.5	利润	1.1 × 费率
1.6	一般风险费	1.1 × 费率
2	未计价材料	不含税合同价（信息价、市场价）
3	人材机价差	3.1 + 3.2 + 3.3
3.1	人工费价差	合同价（信息价、市场价）－定额人工费
3.2	材料费价差	不含税合同价（信息价、市场价）－定额材料费
3.3	施工机具使用费价差	3.3.1 + 3.3.2
3.3.1	机上人工费价差	合同价（信息价、市场价）－定额机上人工费
3.3.2	燃料动力费价差	不含税合同价（信息价、市场价）－定额燃料动力费
4	其他风险费	
5	综合单价	1 + 2 + 3 + 4

表7.10 综合单价计算程序表（简易计税法）

序号	费用名称	简易计税法计算式
1	定额综合单价	1.1 + 1.2 + 1.3 + 1.4 + 1.5 + 1.6
1.1	定额人工费	
1.2	定额材料费	
1.2.1	其中：定额其他材料费	
1.3	定额施工机具使用费	
1.4	企业管理费	1.1 × 费率

续表

序号	费用名称	简易计税法计算式
1.5	利润	1.1×费率
1.6	一般风险费	1.1×费率
2	未计价材料	含税合同价(信息价、市场价)
3	人材机价差	3.1+3.2+3.3
3.1	人工费价差	合同价(信息价、市场价)-定额人工费
3.2	材料费价差	3.2.1+3.2.2
3.2.1	计价材料价差	含税合同价(信息价、市场价)-定额材料费
3.2.2	定额其他材料费进项税	1.2.1×材料进项税税率16%
3.3	施工机具使用费价差	3.3.1+3.3.2+3.3.3
3.3.1	机上人工费价差	合同价(信息价、市场价)-定额机上人工费
3.3.2	燃料动力费价差	含税合同价(信息价、市场价)-定额燃料动力费
3.3.3	施工机具进项税	3.3.3.1+3.3.3.2+3.3.3.3
3.3.3.1	机械进项税	按施工机械台班定额进项税额计算
3.3.3.2	仪器仪表进项税	按仪器仪表台班定额进项税额计算
3.3.3.3	定额其他施工机具使用费进项税	定额其他施工机具使用费×施工机具进项税税率16%
4	其他风险费	
5	综合单价	1+2+3+4

表7.11　分部分项工程项目清单综合单价分析表(二)

工程名称：　　　　　　　　　　　　　　　　　　　　　　　　　　　　　　　第　页　共　页

项目编码		项目名称			计量单位												
定额编号	定额项目名称	单位	数量	定额综合单价/元									未计价材料费	人材机价差	其他风险费	合价/元	备注
				定额人工费	定额材料费	定额施工机具使用费	企业管理费		利润		一般风险费用						
				1	2	3	费率/% (4)	(1)×(4) 5	费率/% (6)	(1)×(6) 7	费率/% (8)	(1)×(8) 9	10	11	12	13 1+2+3+5+7+9+ 10+11+12	
合　计																	

人工、材料及机械名称	单位	数量	定额单价	市场单价	市场价合价	价差合计	市场价合价
1.人工	工日						
2.材料							
(1)未计价材料							
(2)计价材料							
(3)其他材料							
3.机械							
(1)机上人工							
(2)燃油动力费							

▶ 7.4.3 综合单价填表案例

【综合案例1】 某照明电气工程拥有 1 台规格为 800 mm×1 000 mm×200 mm 的挂式配电箱 AL1,距地 1.3 m 安装,采用明装的方式;在距地 1.3 m 处暗装 250 V、10 A 的单控单联跷板开关 30 个;在距地 0.3 m 处暗装 250 V、10 A 的单相二、三级插座 35 个;配管采用材质为 PVC 的刚性阻燃管暗配,直径 32 mm,工程量为 21 m,管内穿线采用规格为 4 mm² 的铜芯绝缘电线用于照明线路,共需清单工程量 1 189.82 m,定额工程量 1 213.62 m。经查询市场价得知,电工综合工日为 150 元/工日,铜芯绝缘电线为 4.28 元/m。采用一般计税法,试根据以上内容完成管内穿线规格为 4 mm² 的铜芯绝缘电线分部分项工程量清单综合单价分析表。

解 根据《通用安装工程工程量计算规范》(GB 50856—2013)、《重庆市通用安装工程计价定额》(CQAZDE—2018)第四册《电气设备安装工程》和《重庆市建设工程费用定额》(CQ-FYDE—2018)及题目条件,计算综合单价如下:

套用第四册《电气设备安装工程》子目 CD1603,导线截面面积为 4 mm² 的铜芯绝缘电线,单位为 100 m 单线,每 100 m 的综合单价为 79.91 元。按《重庆市建设工程费用定额》(CQ-FYDE—2018)的规定,本例工程的企业管理费费率为 38.17%,利润率为 27.43%,一般风险费率为 2.8%。计算每米导线截面面积为 4 mm² 的铜芯绝缘电线的人工、材料、施工机具使用费、企业管理费、利润和一般风险费。

人工费:47.13×1 213.62÷100÷1 189.82=0.48(元)

材料费:0.54×1 213.62÷100÷1 189.82=0.01(元)

机械费:0.00 元

企业管理费:17.99×1 213.62÷100÷1 189.82=0.18(元)

利润:12.93×1 213.62÷100÷1 189.82=0.13(元)

一般风险费:1.32×1 213.62÷100÷1 189.82=0.01(元)

已知铜芯绝缘电线为 4.28 元/m,每 100 m 照明线路需消耗 110 m 铜芯绝缘电线,则

未计价材料费=110×1 213.62÷100×4.28÷1 189.82=4.8(元)

电工综合工日为 150 元/工日,定额电工综合工日为 125 元/工日,则

价差=(150-125)×0.377÷100×1 213.62÷1 189.82=0.10(元)

综合单价=0.48+0.10+0+0.18+0.13+0.01+4.8+0.10=5.7(元/m)

综合单价分析表,见表 7.12。

表 7.12　案例 1 综合单价分析表

项目编码	030111004004	项目名称	配线	计量单位	m	合价/元	5.7

定额编号	定额项目名称	单位	数量	定额综合单价/元									综合单价/元			合价/元
				定额人工费	定额材料费	定额施工机具使用费	企业管理费 费率(1)×(4)/%		利润 费率(1)×(6)/%		一般风险费用 费率(1)×(8)/%		未计价材料费	人材机价差	其他风险费	合价
				1	2	3	4	5	6	7	8	9	10	11	12	13
																1+2+3+5+7+9+10+11+12
CD1603	照明线路 导线截面积（mm² 以内）铜芯 4	100 m 单线	0.010 2	0.48	0.01	0	38.17	0.18	27.43	0.13	2.8	0.01	4.8	0.1	0	5.70
合　计				0.48	0.01	0	—	0.18	—	0.13	—	0.01	4.8	0.1	0	5.70

【综合案例2】 如图7.1所示,某建筑室内给排水安装工程。给水管道采用PPR塑料管热熔连接,排水管道采用铸铁排水管承插连接,石棉水泥接口;直冲式普通阀蹲式大便器;瓷洗脸盆冷水;不锈钢地漏,钢套管。已知管工的市场单价为150元/工日,DN20的塑料管价格为10.2元/m,DN15的塑料管价格为6.42元/m,试计算给水管道的综合单价。(备注:墙厚240 mm,图中所示为净尺寸)

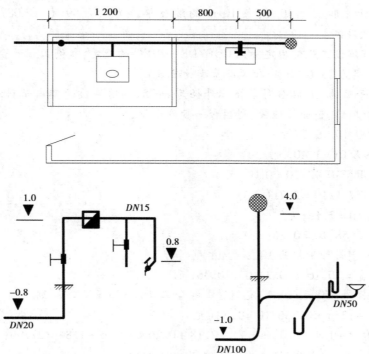

图7.1 某建筑室内给水示意图

解 室内给水管道有PPR塑料管DN20,其中,PPR塑料管热熔连接,室内给水,DN20的工程量为:

$$1.5 + 0.24 + 0.6 + 1 + 0.8 = 4.14(\text{m})$$

则室内给水管道工程量清单计价表,见表7.13。

表7.13 室内给水管道工程量清单计价表

序号	项目编码	项目名称	项目特征	计量单位	工程量	综合单价	合价	其中:暂估价
						金额/元		
1	031001006001	塑料管	1. 安装部位:室内 2. 介质:城市自来水 3. 材质、规格:DN20 PPR塑料管 4. 连接形式:热熔连接 5. 压力试验及吹、洗设计要求:按设计要求	m	4.14			

根据《通用安装工程工程量计算规范》(GB 50856—2013)、《重庆市通用安装工程计价定额》第十册《给排水、采暖、燃气安装工程》和《重庆市建设工程费用定额)(CQFYDE—2018)及题目条件,计算综合单价如下:

对于 $DN20$ 的塑料管:

①套用第十册《给排水、采暖、燃气安装工程》子目 CK0480,公称外径为 De25,热熔连接的室内塑料给水管,单位为 10 m,每 10 m 的综合单价为 157.59 元;CK0873,公称直径为 20 mm 的管道消毒冲洗。

②按《重庆市建设工程费用定额》(CQFYDE—2018)的规定,本例工程的企业管理费费率为 29.46%,利润率为 23.68%,一般风险费率为 2.8%。

③计算定额子目为 CK0480 每米公称外径为 De25、热熔连接的室内塑料给水管的人工、材料、施工机具使用费、企业管理费、利润和一般风险费。

人工费:92.00/10 = 9.2(元)

材料费:13.99/10 = 1.40(元)

施工机具使用费:0.13/10 = 0.01(元)

企业管理费:27.1/10 = 2.71(元)

利润:21.79/10 = 2.18(元)

一般风险费:2.58/10 = 0.26(元)

已知 De25 的塑料管价格为 10.2 元/m,则

未计价材料费 = 10.16 × 10.2/10 = 10.36(元)

管工综合工日为 150 元/工日,定额管工综合工日为 125 元/工日,则

价差 = (150 − 125) × 0.736/10 = 1.84(元)

综合单价 = 9.2 + 1.4 + 0.01 + 2.71 + 2.18 + 0.26 + 10.36 + 1.84 = 27.96(元/m)

④计算定额子目为 CK0873,公称直径为 20 mm 的管道消毒冲洗的人工、材料、施工机具使用费、企业管理费、利润和一般风险费。

查定额得出每 100 m 的管道消毒冲洗中人工费、材料费、施工机具使用费、企业管理费、利润和一般风险费总和为 51.37 元,则每米的管道消毒冲洗费用为 0.51 元。

管工综合工日为 150 元/工日,定额管工综合工日为 125 元/工日,则

价差 = (150 − 125) × 0.259/100 = 0.06(元)

则综合单价 = 0.51 + 0.06 = 0.57(元/m)

⑤由此得出 $DN20$ 的塑料管的综合单价为:27.96 + 0.57 = 28.53(元/m)。

综合单价分析表见表 7.14。

表 7.14 案例 2 综合单价分析表

项目编码	03100100006001		项目名称	塑料管	计量单位	m						合价/元	28.53

定额编号	定额项目名称	单位	数量	定额综合单价/元									综合单价/元			合价/元
				定额人工费	定额材料费	定额施工机具使用费	企业管理费		利润		一般风险费用		未计价材料费	人材机价差	其他风险费	
				1	2	3	费率/% 4	(1)×(4) 5	费率/% 6	(1)×(6) 7	费率/% 8	(1)×(8) 9	10	11	12	1+2+3+5+7+9+10+11+12 13
CK0480	室内塑料给水管（热熔连接）公称外径25 mm以内	10 m	0.1	9.2	1.40	0.01	29.46	2.71	23.68	2.18	2.8	0.26	10.36	1.84	0	27.96
CK0873	管道消毒、冲洗（公称直径20 mm以内）	100 m	0.01	0.32	0.01	—	29.46	0.10	23.68	0.08	2.8	0.01	0	0.06	0	0.57
合　计				9.52	1.41	0.01	—	2.81	—	2.26	2.8	0.27	10.36	1.90	0	28.53

安装工程费用组成

8.1　2018 费用定额编制总说明

本节以《重庆市建设工程费用定额》(CQFYDE—2018)为例进行介绍,以下简称本定额。

▶ 8.1.1　2018 费用定额编制依据

《重庆市建设工程费用定额》(CQFYDE—2018)(以下简称"本定额"),是为了合理确定和有效控制工程造价,提高工程投资效益,根据《建筑安装工程费用项目组成》(建标〔2013〕44 号)、《关于全面推开营业税改征增值税试点的通知》(财税〔2016〕36 号)、《重庆市住房和城乡建设委员会关于适用增值税新税率调整建设工程计价依据的通知》(渝建〔2019〕143号)、《建设工程工程量清单计价规范》(GB 50500—2013)及《重庆市建设工程工程量清单计价规则》(CQJJGZ—2013)等规定,结合重庆市实际情况进行编制的。

▶ 8.1.2　2018 费用定额使用范围及作用

本定额是本市行政区域内国有资金投资的建设工程编制和审核施工图预算、招标控制价(最高投标限价)、工程结算的依据,是编制投标报价的参考,也是编制概算定额和投资估算指标的基础。

编制投标报价时,除费用组成、费用内容、计价程序、有关说明以及工程费用中的规费、安全文明施工费、税金标准应执行本定额外,其他费用标准投标人可结合建设工程和施工企业实际情况自主确定。

非国有资金投资的建设工程可参照本定额规定执行。

► 8.1.3 2018费用定额使用方式

本定额与《重庆市房屋建筑与装饰工程计价定额》(CQJZZSDE—2018)、《重庆市仿古建筑工程计价定额》(CQFGDE—2018)、《重庆市通用安装工程计价定额》(CQAZDE—2018)、《重庆市市政工程计价定额》(CQSZDE—2018)、《重庆市园林绿化工程计价定额》(CQYLL-HDE—2018)、《重庆构筑物工程计价定额》(CQGZWDE—2018)、《重庆市城市轨道交通工程计价定额》(CQGDDE—2018)、《重庆市爆破工程计价定额》(CQBPDE—2018)、《重庆市房屋修缮工程计价定额》(CQXSDE—2018)、《重庆市爆破工程计价定额》(CQLSJZDE—2018)、《重庆市建设工程施工机械台班定额》(CQJXDE—2018)、《重庆市建设工程施工仪器仪表台班定额》(CQYQYBDE—2018)、《重庆市建设工程混凝土及砂浆配合比表》(CQPHBB—2018)配套执行。

8.2 建筑安装工程费用项目组成及内容

本节以《重庆市建设工程费用定额》(CQFYDE—2018)为依据进行介绍,以下简称本定额。

► 8.2.1 2018建筑安装工程费用项目组成

建筑安装工程费用由分部分项工程费、措施项目费、其他项目费、规费、税金组成,见表8.1。

表8.1 建筑安装工程费用项目组成表

	分部分项工程费	建筑安装工程的分部分项工程费		
建筑安装工程费	措施项目费	施工技术措施项目费		特、大型机械设备进出场及安拆费
				脚手架费
				混凝土模板及支架费
				施工排水及降水费
				其他技术措施费
		施工组织措施项目费	组织措施	夜间施工增加费
				二次搬运费
				冬雨季施工增加费
				已完工程及设备保护费
				工程定位复测费
			安全文明施工费	
			建设工程竣工档案编制费	
			住宅工程质量分户验收费	

续表

建筑安装工程费	其他项目费	暂列金额	
		暂估价	
		计日工	
		总承包服务费	
	规费	社会保障费	养老保险费
			工伤保险费
			医疗保险费
			生育保险费
			失业保险费
		住房公积金	
	税金	增值税	
		城市建设维护税	
		教育费附加	
		地方教育附加	
		环境保护税	

► 8.2.2 建筑安装工程费用项目内容

1）分部分项工程费

分部分项工程费是指建筑安装工程的分部分项工程发生的人工费、材料费、施工机具使用费、企业管理费、利润和风险费。

（1）人工费

人工费是指按工资总额构成规定，支付给从事建筑安装工程施工的生产工人和附属生产单位工人的各项费用。其内容包括：

①计时工资或计件工资：是指按计时工资标准和工作时间或对已做工作按计件单价支付给个人的劳动报酬。

②奖金：是指对超额劳动和增收节支支付给个人的劳动报酬。

③津贴补贴：是指为了补偿职工特殊或额外的劳动消耗和因其他特殊原因支付给个人的津贴，以及为了保证职工工资水平不受物价影响支付给个人的物价补贴。

④加班加点工资：是指按规定支付的在法定节假日工作的加班工资和在法定日工作时间外延时工作的加点工资。

特殊情况下支付的工资：是指根据国家法律、法规和政策规定，因病、工伤、产假、计划生育假、婚丧假、事假、探亲假、定期休假、停工学习、执行国家或社会义务等原因按计时工资标准或计件工资标准的一定比例支付的工资。

（2）材料费

材料费是指施工过程中耗费的原材料、辅助材料、构配件、零件、半成品或成品、工程设备的费用。其内容包括：

①材料原价：是指材料、工程设备的出厂价格或商家供应价格。

②运杂费：是指材料、工程设备自来源地运至工地仓库或指定堆放地点所发生的全部费用。

③运输损耗费：是指材料在运输装卸过程中不可避免的损耗。

④采购及保管费：是指为组织采购、供应和保管材料、工程设备的过程中所需的各项费用。采购及保管费包括采购费、仓储费、工地保管费、仓储损耗。工程设备是指构成或计划构成永久工程一部分的机电设备、金属结构设备、仪器装置及其他类似的设备和装置。

（3）施工机具使用费

施工机具使用费是指施工作业所发生的施工机械、仪器仪表使用费。

①施工机械使用费：是指施工机械作业所发生的施工使用费以及机械安拆费和场外运输费。施工机械台班单价由下列7项费用组成：

a.折旧费：是指施工机械在规定的耐用总台班内，陆续收回其原值的费用。

b.检修费：是指施工机械在规定的耐用总台班内，按规定的检修间隔进行必要的检修，以恢复其正常功能所需的费用。

c.维护费：是指施工机械在规定的耐用总台班内，按规定的维护间隔进行各级维护和临时故障排除所需的费用。如保障机械正常运转所需替换设备与随机配备工具附具的摊销费用、机械运转及日常维护所需的润滑与擦拭的材料费用及机械停滞期间的维护费用等。

d.安拆费及场外运费：安拆费是指中、小型施工机械在现场进行安装与拆卸所需的人工、材料、机械和试运转费用以及机械辅助设施的折旧、搭设、拆除等费用；场外运费是指中、小型施工机械整体或分体自停放地点运至施工现场或由一施工地点运至另一施工地点的运输、装卸、辅助材料、回程等费用。

e.人工费：是指机上司机（司炉）和其他操作人员的人工费。

f.燃料动力费：是指施工机械在运转作业中所耗用的燃料及水、电等费用。

g.其他费：是指施工机械按照国家规定应缴纳的车船税、保险费及检测费等。

②仪器仪表使用费：是指工程施工所需使用的仪器仪表的摊销及维修费用。

（4）企业管理费

企业管理费是指建筑安装企业组织施工生产和经营管理所需的费用。其内容包括：

①管理人员工资：是指按规定支付给管理人员的计时工资、奖金、津贴补贴、加班加点工资及特殊情况下支付的工资等。

②办公费：是指企业管理办公用的文具、纸张、账表、印刷、邮电、书报、办公软件、现场监控、会议、水电、烧水和集体取暖降温（包括现场临时宿舍取暖降温）等费用。

③差旅交通费：是指职工因公出差、调动工作的差旅费、住勤补助费，市内交通费和误餐补助费，职工探亲路费，劳动力招募费，职工退休、退职一次性路费，工伤人员就医路费，工地转移费以及管理部门使用的交通工具的油料、燃料等费用。

④固定资产使用费：是指管理和试验部门及附属生产单位使用的属于固定资产的房屋、设备、仪器等的折旧、大修、维修或租赁费。

⑤工具用具使用费:是指企业施工生产和管理使用的不属于固定资产的工具、器具、家具、交通工具和检验、试验、测绘、消防用具等的购置、维修和摊销费。

⑥劳动保险和职工福利费:是指由企业支付的职工退职金、按规定支付给离休干部的经费,集体福利费,夏季防暑降温、冬季取暖补贴、上下班交通补贴等。

⑦劳动保护费:是指企业按规定发放的劳动保护用品的支出,如工作服、手套、防暑降温饮料以及在有碍身体健康的环境中施工的保健费用等。

⑧工会经费:是指企业按《工会法》规定的全部职工工资总额比例计提的工会经费。

⑨职工教育经费:是指按职工工资总额的规定比例计提,企业为职工进行专业技术和职业技能培训、专业技术人员继续教育、职工职业技能鉴定、职业资格认定以及根据需要对职工进行各类文化教育所发生的费用。

⑩财产保险费:是指施工管理用财产、车辆等的保险费用。

⑪财务费:是指企业为施工生产筹集资金或提供预付款担保、履约担保、职工工资支付担保等所发生的各种费用。

⑫税金:是指企业按规定缴纳的房产税、车船使用税、土地使用税、印花税等。

⑬其他:包括技术转让费、技术开发费、投标费、业务招待费、广告费、公证费、法律顾问费、审计费、咨询费、保险费、建设工程综合(交易)服务费及配合工程质量检测取样送检或为送检单位在施工现场开展有关工作所发生的费用等。

(5)利润

利润是指施工企业完成所承包工程获得的盈利。

(6)风险费

风险费是指一般风险费和其他风险费。

①一般风险费:是指工程施工期间因停水、停电,材料设备供应,材料代用等不可预见的一般风险因素,影响正常施工而又不便计算的损失费用。其内容包括:一月内临时停水、停电在工作时间16 h以内的停工、窝工损失;建设单位供应材料设备不及时,造成的停工、窝工每月在8 h以内的损失;材料的理论质量与实际质量的差;材料代用。但不包括建筑材料中钢材的代用。

②其他风险费:是指除一般风险费外,招标人根据《建设工程工程量清单计价规范》(GB 50500—2013)、《重庆市建设工程工程量清单计价规则》(CQJJGZ—2013)的有关规定,在招标文件中要求投标人承担的人工、材料、机械价格及工程量变化导致的风险费用。

2)措施项目费

措施项目费是指建筑安装工程施工前和施工过程中发生的技术、生活、安全、环境保护等费用,包括人工费、材料费、施工机具使用费、企业管理费、利润和一般风险费。措施项目费分为施工技术措施项目费与施工组织措施项目费。

施工技术措施项目费包括:

①特、大型施工机械设备进出场及安拆费:进出场费是指特、大型施工机械整体或分体自停放地点运至施工现场或由一施工地点运至另一施工地点的运输、装卸、辅助材料、回程等费用;安拆费是指特、大型施工机械在现场进行安装与拆卸所需的人工、材料、机械和试运转费用以及机械辅助设施的折旧、搭设、拆除等费用。

②脚手架费:是指施工需要的各种脚手架搭、拆、运输费用以及脚手架购置费的摊销或租

赁费用。

③混凝土模板及支架费:是指混凝土施工过程中需要的各种模板和支架等的支、拆、运输费用以及模板、支架的摊销或租赁费用。

④施工排水及降水费:是指为确保工程在正常条件下施工,采取各种排水、降水措施所发生的各种费用。

⑤其他技术措施费:是指除上述措施项目外,各专业工程根据工程特征所采用的措施项目费用,具体项目见表8.2。

表8.2 各专业工程技术措施项目

专业工程	施工技术措施项目
房屋建筑与装饰工程	垂直运输、超高施工增加
仿古建筑工程	垂直运输
通用安装工程	垂直运输、超高施工增加、组装平台、抱(拔)杆、防护棚、胎(膜)具、充气保护
市政工程	围堰、便道及便桥、洞内临时设施、构件运输
园林绿化工程	树木支撑架、草绳绕树干、搭设遮阴(防寒)、围堰
构筑物工程	垂直运输
城市轨道交通工程	围堰、便道及便桥、洞内临时设施、构件运输
爆破工程	爆破安全措施项目

注:表内未列明的施工技术措施项目,可根据各专业工程实际情况增加。

3)施工组织措施项目费

(1)组织措施费

①夜间施工增加费:是指因夜间施工所发生的夜班补助费、夜间施工降效、夜间施工照明设备摊销及照明用电等费用。

②二次搬运费:是指因施工场地条件限制而发生的材料、构配件、半成品等一次运输不能到达堆放地点,必须进行二次或多次搬运所发生的费用。

③冬雨季施工增加费:是指在冬季或雨季施工需增加的临时设施、防滑、排除雨雪、人工及施工机械效率降低等费用。

④已完工程及设备保护费:是指竣工验收前,对已完工程及设备采取的必要保护措施所发生的费用。

⑤工程定位复测费:是指工程施工过程中进行全部施工测量放线、复测的费用。

(2)安全文明施工费

①环境保护费:是指施工现场为达到环保部门要求所需要的各项费用。

②文明施工费:是指施工现场文明施工所需的各项费用。

③安全施工费:是指施工现场安全施工所需的各项费用。

④临时设施费:是指施工企业为进行建设工程施工所必需搭设的生活和生产用的临时建筑物、构筑物和其他临时设施费用,包括临时设施的搭设、维修、拆除、清理和摊销费等。

（3）建设工程竣工档案编制费

建设工程竣工档案编制费是指施工企业根据建设工程档案管理的有关规定，在建设工程施工过程中收集、整理、制作、装订、归档具有保存价值的文字、图纸、图表、声像、电子文件等各种建设工程档案资料所发生的费用。

（4）住宅工程质量分户验收费

住宅工程质量分户验收费是指施工企业根据住宅工程质量分户验收规定，进行住宅工程分户验收工作发生的人工、材料、检测工具、档案资料等费用。

4）其他项目费

其他项目费是指由暂列金额、暂估价、计日工和总承包服务费组成的其他项目费用，包括人工费、材料费、施工机具使用费、企业管理费、利润和一般风险费。

（1）暂列金额

暂列金额是指招标人在工程量清单中暂定并包括在工程合同价款中的一笔款项。用于施工合同签订时尚未确定或者不可预见的所需材料、工程设备、服务的采购，施工中可能发生的工程变更、合同约定调整因素出现时的工程价款调整以及发生的索赔、现场签证确认等的费用。

（2）暂估价

暂估价是指招标人在工程量清单中提供的用于支付必然发生但暂时不能确定价格的材料、工程设备的单价以及专业工程的金额。

（3）计日工

计日工是指在施工过程中，承包人完成发包人提出的施工图纸以外的零星项目或工作，按合同约定计算所需的费用。

（4）总承包服务费

总承包服务费是指总承包人为配合协调发包人进行专业工程分包，同期施工时提供必要的简易架料、垂直吊运和水电接驳、竣工资料汇总整理等服务所需的费用。

5）规费

规费是指根据国家法律、法规规定，由省级政府和省级有关权力部门规定必须缴纳或计取的费用。主要包括：

（1）社会保险费

①养老保险费：是指企业按照规定标准为职工缴纳的基本养老保险费。

②工伤保险费：是指企业按照规定标准为职工缴纳的工伤保险费。

③医疗保险费：是指企业按照规定标准为职工缴纳的基本医疗保险费。

④生育保险费：是指企业按照规定标准为职工缴纳的生育保险费。

⑤失业保险费：是指企业按照规定标准为职工缴纳的失业保险费。

（2）住房公积金

住房公积金是指企业按规定标准为职工缴纳的住房公积金。

6）税金

税金是指国家税法规定的应计入建筑安装工程造价的增值税、城市维护建设税、教育费附加、地方教育附加以及环境保护税。

8.3　安装工程费用标准

本节以《重庆市建设工程费用定额》（CQFYDE—2018）为依据进行介绍。

1）企业管理费、组织措施费、利润、规费和风险费

通用安装工程以定额人工费为费用计算基础，费用标准见表8.3。

表8.3　安装工程企业管理费、组织措施费、利润、规费和风险费取费标准

专业工程		一般计税法			简易计税法			利润/%	规费/%
		企业管理费/%	组织措施费/%	一般风险费/%	企业管理费/%	组织措施费/%	一般风险费/%		
通用安装工程	机械设备安装工程	24.65	10.08	2.8	25.02	10.74	2.99	20.12	18.00
	热力设备安装工程	26.89	10.15		27.30	10.81		20.07	18.00
	静置设备与工艺金属结构制作安装工程	29.81	10.71		30.26	11.41		22.35	18.00
	电气设备安装工程	38.17	16.39		39.75	17.46		27.43	18.00
	建筑智能化工程	32.53	12.93		33.03	13.77		26.36	18.00
	自动化控制仪表工程	32.38	13.53		32.87	14.42		26.65	18.00
	通风空调工程	27.18	10.73		27.59	11.44		21.23	18.00
	工业管道工程	24.65	10.25		25.03	10.92		22.13	18.00
	消防工程	26.13	11.04		26.53	11.76		22.69	18.00
	给排水、采暖、燃气工程	29.46	11.82		29.91	12.59		23.68	18.00
	刷油、防腐蚀、绝热工程	22.79	9.82		23.14	10.47		14.46	18.00

2)安全文明施工费

通用安装工程以人工费(含价差)为费用计算基础,费用标准见表8.4。

表8.4 安全文明施工费取费标准

通用安装工程	计算基数	一般计税法/%	简易计税法/%
机械设备安装工程		17.42	18.15
热力设备安装工程		17.42	18.15
静置设备与工艺金属结构制作安装工程		21.10	21.98
电气设备安装工程		25.10	26.15
建筑智能化工程		19.45	20.26
自动化控制仪表工程	人工费	20.55	21.40
通风空调工程		19.45	20.26
工业管道工程		17.42	18.15
消防工程		17.42	18.15
给排水、采暖、燃气工程		19.45	20.26
刷油、防腐蚀、绝热工程		17.42	18.15

3)建设工程竣工档案编制费

通用安装工程以定额人工费为费用计算基础,费用标准见表8.5。

表8.5 建设工程竣工档案编制费取费标准

通用安装工程	一般计税法/%	简易计税法/%
机械设备安装工程	1.92	2.01
热力设备安装工程	2.11	2.20
静置设备与工艺金属结构制作安装工程	1.91	1.99
电气设备安装工程	1.94	2.03
建筑智能化工程	2.14	2.23
自动化控制仪表工程	2.35	2.45
通风空调工程	1.96	2.05
工业管道工程	1.94	2.03
消防工程	1.92	2.00
给排水、采暖、燃气工程	2.02	2.11
刷油、防腐蚀、绝热工程	1.92	2.01

4)住宅工程质量分户验收费

住宅工程质量分户验收费按现行住宅工程质量分户验收的有关规定执行,调整后的费用标准见表8.6。

表8.6 住宅工程质量分户验收费取费标准

费用名称	计算基数	一般计税法/(元·m⁻²)	简易计税法/(元·m⁻²)
住宅工程质量分户验收费	住宅单位工程建筑面积	1.32	1.35

5)总承包服务费

总承包服务费以分包工程人工费为计算基础,费用标准见表8.7。

表8.7 总承包服务费取费标准

分包工程	计算基数	一般计税法/%	简易计税法/%
装饰、安装工程	分包工程人工费	11.32	12

6)采购及保管费

采购及保管费 = (材料原价 + 运杂费)×(1 + 运输损耗率)×采购及保管费率

承包人采购材料、设备的采购及保管费率:材料为2%,设备为0.8%,预拌商品混凝土、沥青混凝土及商品湿拌砂浆等半成品为0.6%,苗木为0.5%。

发包人提供的预拌商品混凝土、沥青混凝土及商品湿拌砂浆等半成品不计取采购及保管费;发包人提供的其他材料到承包人指定地点,承包人计取采购及保管费的2/3。

7)计日工

①计日工中的人工、材料、机械单价按建设项目实施阶段市场价格确定,通用安装工程计费基价人工执行表8.8的标准,材料、机械执行各专业计价定额单价;市场价格与计费基价之间的价差单调。

表8.8 计费基价人工单价

序号	工种	人工单价/(元·工日⁻¹)
1	安装综合工	125

②综合单价按相应专业工程费用标准及计算程序计算,但不再计取一般风险费。

8)停工、窝工费用

①承包方进入现场后,如因设计变更或由于发包方的责任造成的停工、窝工费用,由承包方提出资料,经发包方、监理方确认后由发包方承担。施工现场如有调剂工程,经发、承包方协商可以安排时,停工、窝工费用应根据实际情况不收或少收。

②现场机械停置台班数量按停置期日历天数计算,台班费及管理费按机械台班费的50%计算,不再计取其他有关费用,但应计算税金。

③生产工人停工、窝工按相应专业综合工单价计算,综合费用按10%计算,除税金外不再计取其他有关费用;人工费市场价差单调。

④周转材料停置费按实计算。

9)现场生产和生活用水、电价差调整

①安装水、电表时,水、电用量按表计量。水、电费由发包人交款,承包人按合同约定水、电单价退还发包人;由承包人交款时,承包人按合同约定水、电费调价方法和单价调整价差。

②未安装水、电表并由发包人交款时,水、电费按表8.9计算退还发包人。

表8.9 水、电费执行标准

专业工程	计算基数	一般计税法		简易计税法	
		水费/%	电费/%	水费/%	电费/%
通用安装工程	定额人工费	1.04	1.74	1.18	2.04

10)税金

增值税、城市建设维护税、教育费附加、地方教育附加及环境保护税,按国家和重庆市相关规定执行,税费标准见表8.10。

表8.10 税费标准

税目		计算基础	工程在市区/%	工程在县、城镇/%	不在市区及县、城镇/%
增值税	一般计税方法	税前造价	9		
	简易计税方法		3		
附加税	城市建设维护税	增值税税额	7	5	1
	教育费附加		3	3	3
	地方教育附加		2	2	2
环境保护税		按实计算			

注:①采用一般计税方法时,税前造价不含增值税进项税额。

②采用简易计税方法时,税前造价应包含增值税进项税额。

8.4 工程量清单计价程序

根据住房和城乡建设部、财政部颁布的《建筑安装工程费用项目组成》(建标〔2013〕44号)、《建设工程工程量清单计价规范》(GB 50500—2013)等规定,结合重庆市实际和《重庆市建设工程费用定额》(CQFYDE—2018),安装专业单位工程工程量清单计价程序及综合单价计算程序的相应内容已在"7.3.1 工程量清单计价的组成"及"7.4.2 综合单价计算程序"列明,本节不再复述。

8.5　工程量清单计价表格

　　工程造价活动编制造价文件的表格样式及要求,本书根据《建设工程工程量清单计价规范》(GB 50500—2013)、《通用安装工程工程量计算规范》(GB 50856—2013)、《重庆市建设工程工程量清单计价规则》(CQJJGZ—2013)、《重庆市建设工程工程量计算规则》(CQJLGZ—2013)及《重庆市建设工程费用定额》(CQFYDE—2018)规定,已列出常用工程量清单全套表格及投标报价全套表格,分别见7.2.3节和7.3.3节。

参考文献

[1] 中华人民共和国住房和城乡建设部. 通用安装工程工程量计算规范:GB 50856—2013 [S].北京:中国计划出版社,2013.

[2] 中华人民共和国住房和城乡建设部,中华人民共和国国家质量监督检验检疫总局.建设工程工程量清单计价规范:GB 50500—2013[S].北京:中国计划出版社,2013.

[3] 重庆市城乡建设委员会.重庆市建设工程费用定额:CQFYDE—2018[S].重庆:重庆大学出版社,2018.

[4] 重庆市城乡建设委员会.重庆市通用安装工程计价定额:CQAZDE—2018[S].重庆:重庆大学出版社,2018.

[5] 全国造价工程师职业资格考试培训教材编审委员会.建设工程计价[M].北京:中国计划出版社,2019.

[6] 全国造价工程师职业资格考试培训教材编审委员会.建设工程技术与计量(安装工程)[M].北京:中国计划出版社,2019.

[7] 吴心伦,吴远.安装工程造价[M].2版.重庆:重庆大学出版社,2017.

[8] 吴学伟,谭德精,郑文建.工程造价确定与控制[M].7版.重庆:重庆大学出版社,2015.

[9] 张秀德,管锡珺,吕金全.安装工程定额与预算[M].2版.北京:中国电力出版社,2009.

[10] 马金忠,展妍婷.建筑设备安装工艺与识图[M].重庆:重庆大学出版社,2016.

[11] 秦树和.管道识图与施工工艺[M].3版.重庆:重庆大学出版社,2015.

[12] 赵宏家,侯志伟,魏明,等.电气工程识图与施工工艺[M].4版.重庆:重庆大学出版社,2014.

[13] 黄利萍,胥进.通风与空调识图教材[M].上海:上海科学技术出版社,2004.

[14] 中华人民共和国住房和城乡建设部.暖通空调制图标准:GB/T 50114—2010[S].北京:中国建筑工业出版社,2011.

[15] 中华人民共和国住房和城乡建设部. 通风与空调工程施工质量验收规范：GB 50243—2016[S]. 北京：中国计划出版社，2017.

[16] 中华人民共和国住房和城乡建设部.《火灾自动报警系统设计规范》图示：14X505-1[S]. 北京：中国计划出版社，2014.

[17] 中华人民共和国住房和城乡建设部. 自动喷水灭火系统施工及验收规范：GB 50261—2017[S]. 北京：中国计划出版社，2.017.

[18] 中华人民共和国建设部，中华人民共和国国家质量监督检验检疫总局. 气体灭火系统设计规范：GB 50370—2005[S]. 北京：中国计划出版社，2005.

[19] 中华人民共和国建设部. 气体灭火系统施工及验收规范：GB 50263—2007[S]. 北京：中国计划出版社，2007.

[20] 中华人民共和国建设部. 泡沫灭火系统施工及验收规范：GB 50281—2006[S]. 北京：中国计划出版，2006.

[21] 中华人民共和国住房和城乡建设部. 火灾自动报警系统施工与验收规范：GB 50166—2019[S]. 北京：中国计划出版社，2007.

[22] 吴心伦. 安装工程计量与计价[M]. 2 版. 重庆大学出版社，2014.